海佩科肉鸡

1

惠阳鸡（公）

惠阳鸡（母）

2

"石岐杂"鸡（公）

"石岐杂"鸡（母）

3

清远麻鸡(公)

清远麻鸡(母)

4

桃源鸡（公）

桃源鸡（母）

5

萧山鸡（公）

萧山鸡（母）

6

浦东鸡（公）

浦东鸡（母）

7

新浦东鸡（公）

新浦东鸡（母）

8

鹿苑鸡(公)

鹿苑鸡(母)

9

北京油鸡(公)

北京油鸡(母)

10

固始鸡（公）

固始鸡（母）

11

寿光鸡（公）

寿光鸡（母）

12

雏鸡采食

肉用雏鸡

雏鸡饮水

13

集约化肉用仔鸡饲养舍

集约化饲养
肉用仔鸡

集约化式种鸡场

庭院式饲养场

# 肉鸡高效益饲养技术

## （修订版）

管 镇 编著

本书荣获"第二届金
盾版优秀畅销书奖"

金盾出版社

## 内 容 提 要

　　本书由江苏省家禽科学研究所研究员管镇编著。内容包括:肉用仔鸡业概况,肉用仔鸡鸡种,种鸡的繁殖,肉用种鸡的饲养与管理,肉用仔鸡的饲养与管理,肉鸡的营养与饲料,肉鸡的保健与卫生管理,鸡舍与设备,肉鸡的生产经营,共9章。资料丰富,论述具体,有理论,有实例,有经营之道,文字通俗易懂,适于规模经营鸡场管理人员、家禽饲养人员以及农业院校师生阅读参考。

### 图书在版编目(CIP)数据

肉鸡高效益饲养技术/管镇编著．—修订版．—北京:金盾出版社,1999.1
ISBN 978-7-5082-0842-8

Ⅰ.肉…　Ⅱ.管…　Ⅲ.肉用鸡-饲养管理　Ⅳ.S831

中国版本图书馆 CIP 数据核字(98)第 31575 号

**金盾出版社出版、总发行**
北京太平路5号(地铁万寿路站往南)
邮政编码:100036　电话:68214039　83219215
传真:68276683　网址:www.jdcbs.cn
彩色印刷:北京百花彩印有限公司
黑白印刷:北京天宇星印刷厂
装订:北京天宇星印刷厂
各地新华书店经销
开本:787×1092 1/32　印张:8.5　彩页:16　字数:176 千字
2009 年 2 月修订版第 18 次印刷
印数:437001—447000 册　定价:14.00 元
(凡购买金盾出版社的图书,如有缺页、
倒页、脱页者,本社发行部负责调换)

# 目　　录

· 3 ·

# 第一章　肉用仔鸡业概况

从庭院式养鸡发展成为大规模、集约化的肉用仔鸡业，始于本世纪20年代的美国。至60年代后，各发达国家的养鸡业也相继发展起来了。养鸡生产随着企业经营家的介入，逐步使种鸡、孵化、饲料、屠宰加工形成一体化，养鸡业才得以迅速发展成为一个新兴产业。了解国外肉用仔鸡业的发展及其产业化进程，对发展我国肉用仔鸡业具有重要意义。

## 一、肉用仔鸡的概念

养鸡的历史由来已久，但在一个很长的时期内，仅是一种家庭副业，自繁自养，产品自产自销。从本世纪20年代开始，美国等发达国家开始了由传统养鸡业向现代化养鸡业发展，我国也于60年代在上海组织了专业化的肉鸡生产企业。至今世界肉鸡产业已发展到了相当的规模。据有关资料指出，世界禽肉产量近10年来以平均每年4.7%的速度增长，已高于猪肉的增长速度，1991年的禽肉产量约为4200万吨，占陆地上动物肉产量的22%～23%。

随着人们生活水平的不断提高，餐桌上的食物结构也发生了质的变化。因鸡肉瘦肉多、肉细嫩、易消化、不腻口，含蛋白质达24%，生物学价值达83%，已成为人们喜爱的肉食品。

现代肉鸡与以往的肉鸡概念已截然不同。50年代以前的肉用家禽生产，主要是沿用标准品种或杂交种的繁殖，以淘汰的小公鸡和淘汰的产蛋母鸡作为肉用，其达到市售要求的

1.2～1.5千克体重,一般要饲养16～17周,每千克活重耗料4.7千克以上。现代肉鸡,6周龄的仔鸡活重已达到1.82千克,料肉比(消耗多少千克饲料能生产1千克肉的比例叫料肉比)仅为1.72～1.95：1。随着肉鸡遗传育种的不断加快、饲养管理的不断改善,以及卫生保健工作的同步发展,在今后的10年内有可能使肉用仔鸡的体重在30天内达到1.82千克。肉用仔鸡的早期生长速度快,饲养周期短,饲料转化率高,生产成本低,价格便宜,肉嫩、皮薄、味美,这是淘汰的老母鸡、小公鸡无法相比的。所以,从本世纪20年代率先发展肉用仔鸡生产的美国,在80年代中期肉用仔鸡的产量已占禽肉生产量的92％以上。我国80年代初肉用仔鸡仅占鸡肉产量的3.2％,绝大部分鸡肉的来源还是淘汰的老母鸡和小公鸡。

"肉用仔鸡"一词是本世纪后半叶开始用的。它是肉用童鸡的总称,意思是幼龄期即供食用的鸡,主要供烧烤用。据其屠宰日龄和体重的大小,可分为肉用仔鸡、炸用鸡和烤用鸡。

目前,供肉食用的幼龄鸡或青年鸡,不论在哪个国家都被称为肉用仔鸡,但由于各国的消费习惯和烹调方式不同,肉用仔鸡出售时的体重和日龄也就不同。美国要求仔鸡出售时体重达1.6～1.8千克,带骨切剁和作二分体或四分体烹调。西班牙、意大利、法国等南欧国家,大多用于熬、炖或带骨切剁,要求鸡体重在1.8～2.2千克。德国、荷兰及北欧国家,则有整鸡或二分体烧烤的习惯,要求鸡体较小,活重在1.1～1.3千克。日本消费者喜欢大的鸡腿和胸肉,则要求仔鸡活重在1.9～2.7千克,其饲养期也比欧美国家延长1～2周。在我国,过去肉用仔鸡大多是未达到性成熟就屠宰的小鸡,俗称"笋鸡"或"童鸡"。在广东地区,还有利用临近产蛋前的青年小母鸡(广东话称为项鸡)进行15～20天的短期肥育,生产人们爱吃的、具有一定肥度的、生长期较长的优质肉鸡。

总之,肉用仔鸡一般是指在较短的饲养时间(如7～8周)能上市的鸡(在多数场合其活重为1.8～2千克),是具有皮软、肉细、味美和可供快速烹调食用的幼龄青年肉鸡。

## 二、国外肉用仔鸡业的发展概况

肉用仔鸡于本世纪20年代由美国人斯蒂尔夫妇在美国东部特拉华州饲养成功。尔后,由于受大城市消费和冬春季食用鸡价格高昂的刺激,相继在弗吉尼亚州和新罕布什尔州饲养肉用仔鸡成功。至30年代后,随着饲养数量的增多,肉用仔鸡的饲养者为购买苗雏和饲料需要巨额周转资金,加之在生产中和出售时的价格风险,已非饲养户个人所能承担,此时实业家介入,开始由饲料商为生产者提供周转资金,以后发展到由企业经营者承担生产者的全部风险。生产者只需与企业经营者签订合同实行"联营",既不需要承担周转资金,也不负担生产中和价格上的风险,而且保证有一定的收入;生产者只需投入设备和劳力,负责饲养肉用仔鸡。以后由于朱厄尔等实施孵化场、饲料厂、屠宰加工厂、育成鸡场等一体化经营成功,使美国的肉用仔鸡业走上了有保障的生产轨道。随后,由于品种的改良,饲料、药物、饲养技术乃至肉鸡加工机械等的进步,促进了美国肉用仔鸡业的迅速发展。1996年美国鸡肉总产量达1 451.6万吨,占世界总产量的29.09%,出口量为232.4万吨,占世界鸡肉总出口量的44.1%,是当今世界上第一号肉鸡生产国和出口国。

日本的肉用仔鸡生产是从50年代开始的。首先是为供应大城市高级宾馆饭店消费而进行的小规模生产。70年代后,从美国引进了肉用鸡种。由于预防球虫病药物和育雏设备、自动饲喂器和自动饮水器的普及，饲料、食品和水产公司等企业家对肉用仔鸡的饲养、屠宰加工等大量投资，促进了肉用仔鸡生产的发展。实业家以合同方式与生产者签约，保证肉鸡销售价格，生产者可以从企业经营家那里获得设备资金和周转资金，并按规定逐批购入雏鸡和饲料，然后把产品运交屠宰场。在大多数情况下，企业经营家已将种鸡孵化场、屠宰场、饲料工厂等归属在自己的系统内，并推进了肉用仔鸡的整体化经营。这种由经营者向生产者提供雏鸡和饲料，以保证的价格收购生产者的肉用仔鸡进行屠宰加工，并将产品运送给消费地的承销方式，对维持和促进日本的肉用仔鸡产业的发展，起到了促进作用。90年代以来，由于环境保护等因素的限制，鸡肉产量有所下降，1996年的鸡肉产量只有124.1万吨，由于满足不了消费的需求，1996年进口鸡肉50万吨，为世界第三鸡肉进口国。

法国在1956年以前饲养的肉鸡，需13周龄才长到1.6千克，每千克活重耗料达3.5千克以上。1958年以后，利用从美国引进的科尼什公鸡与苏赛克斯母鸡交配，饲养其杂交后代，肉用仔鸡的生长速度12周龄达1.8千克，料肉比有所降低。1961～1962年开始由饲料生产商与饲养者签订联营合同，保证了销售价格的稳定。合同一般当年签订，饲养者提供劳力、设备、鸡舍、水和电，饲料生产商提供雏鸡、饲料、药品和技术服务。在此基础上发展起来的肉鸡生产集团，对其成员单位从选择鸡的品种、安排饲养数量、饲养场的利润和市场出售价格均了如指掌，从而能较好地指导饲养场更合理地生产并获得盈利。至今，法国大部分肉鸡生产企业已实现合理化、工业化和合同化。从法国的销售情况来看，其所饲养的肉鸡可分成4个档次（表1-1），它们的标签鸡实际上是一种地方鸡种，生长速度慢且在草地上放养。这种生产方式是为了满足社会各个层次的消费需要,犹如我国消费者对优质黄羽肉鸡提出的需求一样。1996年法国出口鸡肉47万吨,占世界鸡肉出口总量的8.92%,主要销到欧共体国家。

表1-1  法国主要商品肉鸡的分类和特性

| 类　别 | 出口鸡 | 标准鸡 | 名牌鸡 | 标签鸡 |
|--------|--------|--------|--------|--------|
| 饲养期(天) | 42～52 | 53～59 | 63～70 | 84～91 |
| 活重(千克) | 1.2～1.4 | 1.6～1.8 | 1.9～2.1 | 1.9～2.3 |
| 料　肉　比 | 1.8～1.9 | 2.0～2.2 | 2.2～2.5 | 2.8～3.3 |

90年代以来,世界肉类生产发生了根本性的转变。其一是,由牛肉、猪肉和鸡肉为主组成的肉食品结构中,鸡肉的增长率远高于其他两种肉类,1996年在各类肉中的比重已超过牛肉而达到28.48%。更有意义的是,美国1990年的鸡肉生产和消费超过了牛肉和猪肉,鸡肉在肉类中位居第一,1996年人均消费鸡肉45千克。这种变化预示了今后世界肉类生产的发展趋势。其二是,占世界人口绝大多数的发展中国家,肉鸡业也迅速崛起,形成了一批新兴的肉鸡生产国,如中国、巴西、泰国、匈牙利等在肉鸡出口市场上都已占有一席之地。

## 三、促进肉用仔鸡业发展的因素

为促进肉用仔鸡产业的高速发展,各发达国家都采取了一系列的有力措施。这些措施归纳起来,有如下几点。

### (一)肉用仔鸡鸡种的遗传育种工作不断加快

从本世纪50年代开始,一些发达国家的家禽育种工作采用玉米双杂交原理,开展了现代化的品系育种,即在过去标准品种的基础上,采用新的育种方法,培育出一些比较纯合的专门化品系,然后进行品系间杂交,所生产的商品型杂交鸡比亲本性能高 15%～20%,而且生产性能表现得整齐一致。如美国在 70 年代中期饲养的肉用仔鸡,已将原本需要 16 周龄才长到 1 千克重提高到 8 周龄即可长到 1.8 千克,又经过 10 多年的努力,把 1.8 千克重的肉用仔鸡的饲养期又缩短为 6 周。由饲养周期缩短、生长速度加快、饲料消耗减少所带来的经济效益促进了肉用仔鸡业的发展。因此,鸡种的改良是这种高生产水平的物质基础。

## (二)饲料工业的发展

饲料是肉鸡饲养业中成本占用最大的一项。根据对鸡的生理特性和高产的营养需要所进行的详尽研究,使饲料配方不断改进和完善,并在饲料中添加维生素和无机盐,这种由饲料工厂提供的全价配合饲料,保证了肉用仔鸡得以健康迅速地生长,饲料消耗不断下降,生产效率不断提高。饲料工业体系的逐步形成是肉用仔鸡业发展的基本保证。

## (三)医药及疾病防治技术的改进

由于对严重危害养鸡业的烈性传染病,如鸡新城疫、鸡痘、马立克病和法氏囊病有了有效的疫苗,对鸡白痢、呼吸道病在种鸡阶段的净化,在饲料中添加预防球虫病药物和抗生素等,使肉用仔鸡业安全地生产有了可靠的保障。

## (四)育成设备的不断改进

随着肉用仔鸡育成设备、机械、器具的改进与提高,安全的保姆伞、自动喂料器、自动饮水器的普及，大型孵化机具、屠宰加工机械、冷冻包装技术以及低温运输设备的改进，使劳动生产率大幅度地提高，大群饲养肉用仔鸡（国际水平为人均年产 10 万只）已成为轻而易举的事。这些先进的机械设备使肉用仔鸡生产迈向工厂化和现代化，为肉用仔鸡业的发展提供了增产条件。

### （五）全过程的"企业联营"

从肉用仔鸡的饲养到产品流通全过程的"企业联营"，强有力地促进了种鸡、饲养、屠宰加工、饲料加工以及流通等各个环节的平衡发展。"企业联营"可以根据市场需要和屠宰加工能力有效地组织生产，节省不必要的开支，降低成本，而养鸡户已不需要为周转资金、销售和取得利润而伤透脑筋。应该说，这种"联营企业"的经营方式是促进肉用仔鸡业高速发展的成功办法。

## 四、肉用仔鸡业的产业结构

肉用仔鸡业已发展成为高度专业化和高效率的工业化生产，它的发展亦促进了与肉鸡生产有关工业的发展，如鸡舍设备、孵化设备、屠宰及包装设备、保健药品工业以及饲料加工业的发展。据称，美国养鸡业的产值占整个畜牧业产值的一半。日本的肉用仔鸡业生产以及伴随其发展的有关育种公司、孵化场、饲料加工厂、药品制造业、鸡舍建筑业、机具器械制造业、肉鸡屠宰加工厂，加上承担流通的运销、批发零售商和冷藏业等组成了一条龙产业，其 1 年的总交易额超过 1 万亿日元。由此可见，肉用仔鸡生产在国民经济中的地位和效益是相当可观的。这对于起步较晚的我国肉用仔鸡业是一个很好的启示。目前,广大农民发展家庭饲养业的积极性越来越高,出现了许多养鸡专业户和重点户。乡镇企业已在各地迅猛发展,如山东省一些县市围绕着肉用仔鸡的生产,由外贸部门负责产品外销,饲料厂按时给养鸡户送料上门,种鸡孵化场按合同时间送雏鸡到养鸡专业户,兽医部门负责养鸡户肉鸡防疫和疾病防治,屠宰加工厂负责按时收购宰杀,加工成合格的产品。这种各司其职、密切合作的方式,使各个部门都有利可图,从而促进了该地区的肉鸡生产,增加了政府财政收入和饲养场的收入。产业群体的联合将促使肉用仔鸡业健康稳步地发展,它也是农村致富的一条很好的途径。

# 五、我国肉用仔鸡业的发展及其前景

我国农村历来以家庭副业的方式饲养家禽,且以产蛋为主,淘汰的老母鸡和小公鸡作为肉用,出售时鸡龄不一、肉质良莠不齐。60年代初,为占领香港肉用仔鸡市场,首先在上海采用地方良种浦东鸡与新汉县鸡杂交生产商品肉鸡,饲养90天平均体重达1.5千克以上,饲料转化率为3.8:1左右。尔后,为适应外销肉鸡需要快速生长、胸肌发达的要求,于1962年、1976年相继从日本、荷兰、加拿大、英国、美国等国引进了"福田"、"伊藤"白羽肉鸡,海布罗祖代鸡,星波罗曾祖代鸡,爱拔益加(A·A)及罗斯祖代鸡,红布罗及狄高等有色羽父母代及祖代鸡等。80年代初期,北京大东流肉鸡联合企业建成投产,年产肉鸡1 000余万只。80年代中期艾维茵鸡育种有限公司建成投产,至1988年国家计委正式批准建立国家家禽育种中心,1990年更名为"北京华牧家禽育种中心"。与此同时,相继在我国东北、上海等地建立了一批育种场。许多科研、教学单位亦进行了育种工作。我国现有原种鸡场 7 个,祖代鸡场 170 多个,2 300 多个父母代鸡场分布在全国许多地方,构成了育种、制种的良种繁育生产体系,为专业户、商品鸡场提供良种商品苗鸡。

　　白羽肉鸡虽然生长速度快、饲料转化率高,但我国人民还有喜食肉质鲜美的黄羽肉鸡的传统习惯和爱好。"六五"、"七五"期间,在农业部主持下,由中国农业科学院畜牧研究所、江苏省家禽研究所、上海市农科院畜牧所等 5 个科研部门协同攻关,利用红布罗、海佩科等外来鸡种选育后作为亲本,与我国优良地方鸡种进行配套杂交,获得了诸如"苏禽 85"、"海新"等系列配套杂交体系的优质型和快速型的黄羽肉鸡。面对我国 10 亿只左右鸡中 80% 的是地方鸡种,需要提高效益的状况,江苏省家禽研究所经过多年的选育研究,采用自己选育出的隐性白羽白洛克肉鸡品系(80 系)作为顶交用的父本与许多优良地方鸡种进行单杂交,其后代生长速度都有不同程度的提高,70～80 天体重达 1.5 千克以上,饲养周期缩短,肉质鲜嫩可口,市场畅销不衰,经济效益明显。我国幅员辽阔,各地区经济发展速度快慢不一,快速型肉用仔鸡鸡种远未覆盖全国各地,因而在发展肉鸡生产过程中,必须充分利用现有鸡种资源优势,走自己发展肉用仔鸡业种源的道路。

　　改革开放的态势和"菜篮子"工程的实施,促进了我国肉鸡生产产业化的进程。北京市于 1985 年已形成了肉鸡生产的产业化体系,至 1987 年生产商品肉鸡 894 万只。上海市于 1986 年与泰国正大集团合资建立了大江集团公司,第二年全市肉鸡饲养量就达 5 022 万只。与此同时,在我国许多的大中城市也相继搞起了肉鸡产业化生产。山东省诸城市外贸公司投入资金 1.1 亿元,用于种鸡场、饲料厂、屠宰加工厂等建设,以此为龙头组织肉鸡生产的有关技术、生产资料部门为养鸡专业户提供产前、产中、产后的一条龙服务,形成了年产 3 000 万只肉鸡的生产体系。这种'公司'加'农户'的生产经营成为发展地方经济的重要方式。

江苏省东辛农场立足于自身的资源和大生产的优势,坚持以市场需求为导向,把握国外、国内两大市场,拓展产品链和产业链,形成一业为主,多业协作的产业化总公司。在利益调节方面,公司始终以保障养殖户的利益为根本目标,一般情况下,市场风险由总公司内部消化,各养殖户只要按制定的规范和技术标准实施,收入都有保障。总公司健全肉鸡产业化的经营服务体系,在产前、产中、产后服务方面实现"五上门",形成系统化的组织管理网络。这种瞄准市场需求,保障养殖户利益,强化企业内部管理的实践促进了肉鸡的规模化生产和产业化经营。

还有将传统的家庭养殖与科学饲料、现代饲养技术相结合而形成具有一定饲养量的众多的养鸡专业户。江苏如皋市充分利用了他们在节省投资、精心管理、灵活经营和最终产品成本等方面的优势以及临近大中城市的地域优势,强化配套服务体系,发展运销经纪人的队伍,在对地方鸡种如皋鸡进行保种和选育的基础上,积极开展杂交利用,年推广饲养如皋黄羽肉鸡 420 万只,走出了发展肉鸡生产的一条新路。

目前,我国肉鸡业正逐步向规模化生产发展,年产量在 1 万只以上的生产场的肉鸡年产量约占全国肉鸡出栏数的 66.4%,达 15.48 亿只。其中年产量在 10 万只以下的鸡场有 62 325 个,产量占总数的 65.8%。年产量在 10 万~100 万只的鸡场有 1 165 个,年产量超过 100 万只的鸡场有 85 个。

1 000万只以上的 2 家,产量占总产量的 4.5％左右。

1996 年我国鸡肉产量突破了 1 000 万吨大关,达到 1 100 万吨,占世界鸡肉总产量的 22.04％,跃居世界第二鸡肉生产大国,增长速度令世人瞩目。自 1992～1996 年鸡肉总产量增长了 142.3％,年均增长率 35％以上。

鸡种和繁育体系的建立奠定了我国肉用仔鸡业发展的种源基础。此外,肉鸡饲养业的发展还得益于以下几方面工作的开展。

第一,在对鸡营养需要的研究基础上,我国已正式颁布了《鸡的饲养标准》。在满足饲养标准的前提下,不少部门根据当地饲料资源、价格,用计算机来制订饲料配方和计算全价饲料的配合比例,其成本最低而又符合饲养标准。近年来饲料工业发展迅猛,1997 年全国配合饲料产量达 5 500 万吨,跃居世界第二位,其中禽用饲料约占 50％,为我国发展肉用仔鸡业打下了坚实的基础。

第二,拥有控制鸡的烈性传染病的有效手段。对鸡新城疫的免疫有了比较可靠的免疫程序,80 年代后分别生产了鸡马立克病和法氏囊病的疫苗,1984 年山东省家禽研究所无特定病原(SPF)鸡群的建立,使控制这些传染病的疫苗达到了更高的水准。鸡白痢的净化工作已作为各类鸡场验收合格和育种工作的指标,一批如恩诺沙星类新药的开发,都为肉用仔鸡业的快步发展提供了保障。

第三,养鸡设备工业体系已初步形成。孵化机具自动化程度大为提高,各种型号的鸡笼、架,水槽、食槽,杯式、吊塔式自动饮水器等已成批配套生产,机械喂料系统已成功地应用于养鸡业。它为提高劳动生产率,进行大规模的饲养准备了充分的物质条件。

近年来,在我国肉鸡业的发展过程中,供不应求与供过于求的现象曾频繁交替出现,影响了肉鸡业的持续稳定增长。但只要加强市场调查,调整产品结构,使生产计划、管理措施、市场营销等都建立在科学的市场形势分析和预测的基础上,这类问题是可逐步得到解决的。为了增进行业协会对肉用仔鸡业的正确指导和加强宏观调控,1998年4月份受中国家禽业协会的委托,由江苏省家禽科学研究所承建的中国家禽业信息中心,将负责中国家禽业信息网的建设,以便通过"中国家禽业信息网"向全国广大养禽企业和生产者及时、准确地传递国内外家禽行业的生产与市场情况,避免种鸡生产的盲目发展。生产者应从内部挖潜,苦练内功,下功夫改进经营管理,不断提高科技水平,降低消耗,努力改善生产设施,严格控制药物残留,提高产品质量,把劳动生产率和生产水平提上去,把成本和价格降下来,在竞争中扩大市场份额,进一步加强地区和企业间的协作和联合,实行肉鸡生产→屠宰加工→内外销一条龙的经营方式,处理好企业与农民饲养户之间的关系,加快发展高附加值鸡肉产品的深度加工,适应各个不同层次的消费需要,一定可以使肉鸡业的发展更上一层楼。

民以食为天,围绕着与人民生活息息相关的肉用仔鸡产业,门类繁多,产值效益可观,其发展的前景是广阔的。21世纪的肉鸡业,不仅应充分发挥其固有的高产、优质、高效的特色,而且随着肉鸡生产的集约化程度进一步提高,从而有效地降低饲料、土地、劳力成本,加之环保意识的不断深入人心,肉鸡业的生产重心将向饲料粮产区,尤其是远离城市的玉米产区转移;随着世界经济一体化发展进程的加快,生产"绿色食品"将是一种必然的趋势,它可排除关贸壁垒,有其独有的竞争优势。因此,肉鸡产品要能在国际市场上站住脚跟,必须走可持续发展之路。使肉鸡业的发展由"营养食品"向兼有"绿色食品"、"保健食品"的功用上发展。

# 第二章　肉用仔鸡鸡种

## 一、肉用鸡种的演变

　　鸡种的演变是肉用仔鸡业生产力发展水平的标志。初期作为肉鸡饲养的是一些体型大的鸡种，如淡色婆罗门鸡、九斤黄鸡以及芦花洛克、洛岛红、白色温多德等兼用种。此外，还有白来航公鸡与婆罗门母鸡的杂交种。自30年代开始运用芦花洛克（♂）与洛岛红（♀）杂交一代生产肉鸡，犹如我国在60年代利用浦东鸡与新汉县鸡的杂交一代进行肉鸡生产一样，主要利用鸡种间的杂交优势来进行肉用仔鸡的改良。运用大体型的标准品种或其杂交种进行肉鸡生产，是肉鸡发展初期的鸡种特点。

　　50年代后，一些发达国家开始将玉米双杂交原理应用于家禽的育种工作中，特别着眼于群体生产性能的提高。采用新的育种方法育成许多纯系，然后采用系间的多元杂交生产出商品型杂交鸡。其生产性能整齐划一，且比亲本高15%～20%。这是世界各国肉用仔鸡业快速发展的物质基础。

　　近20年来，我国从国外引进的10多个肉鸡配套品系，为我国发展肉用仔鸡业提供了有利的条件。但是，我国幅员辽阔，地方鸡种资源丰富，在优良的肉用仔鸡专用种尚未覆盖全国的情况下，一些边远地区利用当地的优良鸡种，或者是引进少量选育的专门化品系与当地优良鸡种杂交，也是可取的。

## 二、专门化品系肉用鸡

采用2～4个专门化的肉用品种或品系间配套杂交，进行肉用仔鸡生产，是当前国际上肉用仔鸡生产的主流。近10多年来，从国外引进的部分专门化肉用仔鸡鸡种，其生产性能见表2-1。

表 2-1  各品种肉鸡的主要生产性能

| 品  种 | 人舍母鸡(64周龄) | | 商品鸡(混合)各周体重(克) | | | | 商品鸡各周龄料肉比 | | | |
| --- | --- | --- | --- | --- | --- | --- | --- | --- | --- | --- |
| | 产种蛋数 | 产健雏数 | 5周龄 | 6周龄 | 7周龄 | 8周龄 | 5周龄 | 6周龄 | 7周龄 | 8周龄 |
| 罗  曼 | 175.49 | 148.31 | 1710 | 2165 | 2620 | 3065 | 1.64 | 1.79 | 1.92 | 2.10 |
| 印地安河 | 174.71 | 146.00 | 1710 | 2165 | 2630 | 3080 | 1.64 | 1.79 | 1.92 | 2.05 |
| 爱拔益加 | 174.00 | 150.00 | 1585 | 2075 | 2570 | 3055 | 1.68 | 1.74 | 1.91 | 2.09 |
| 艾维茵 | 174.40 | 151.80 | 1507 | 1979 | 2452 | 2924 | 1.56 | 1.72 | 1.89 | 2.08 |
| 哈巴德 | 170.50 | 146.40 | 1643 | 2155 | 2612 | 3058 | 1.76 | 1.90 | 2.04 | 2.18 |
| 彼德逊 | 172.00 | 150.00 | 1543 | 2025 | 2477 | 2928 | 1.50 | 1.65 | 1.84 | 2.03 |
| 罗斯208 | 174.00 | 146.20 | 1475 | 1880 | 2290 | 2730 | 1.69 | 1.83 | 1.97 | 2.12 |
| 海波罗 | 157.80(60周龄) | 132.10(60周龄) | 1555 | 2000 | 2445 | 2880 | 1.64 | 1.79 | 1.94 | 2.09 |

1997年进口祖代肉种鸡674 928只，其中白羽肉鸡661 028只，占97.94％，黄羽肉鸡13 900只，占2.06％。从鸡种上来看，艾维茵330 000只，占48.89％；爱拔益加220 000

只,占 32.61％;哈巴德 60 000 只,占 8.89％;其余彼德逊、海波罗、红伊沙、罗曼肉鸡、印地安河、安纳克、科布、隐性白羽、安纳克 40 等共 64 928 只,占 9.61％。

由此可见,经过 10 多年的实践,在肉用仔鸡生产中,逐渐集中到"艾维茵"、"爱拔益加"和"哈巴德"等品牌鸡种,其中前两个鸡种的进口量已占总量的 80％以上。

这些引进鸡种的商品代生长速度快,饲料转化率高,但肉质欠佳。为此,由农业部主持,在"六五"、"七五"期间由中国农业科学院畜牧研究所、江苏省家禽研究所、上海市农科院畜牧所等 5 个单位协作攻关,培育出了"苏禽 85"、"海新"等黄羽肉鸡配套杂交体系,其特色是:

第一,大多采用三元(3 个品系)杂交生产商品肉鸡。

第二,与 $F_1$ 代母鸡进行第二级杂交时,可根据市场的需求,变更第二级杂交的父本即可得到不同羽色(白羽或黄羽)、不同生长速度(快速型 70 日龄 1.5 千克,优质型 90 日龄 1.5 千克)的快速型黄羽肉鸡和优质型黄羽肉鸡。

第三,配制生产优质型的黄羽肉鸡时,所选用的第二级杂交父本大多是我国优良的地方鸡种,所以其杂交后代具有三黄鸡特色,骨细、皮下脂肪适度并有土鸡风味。

## 三、我国的优良肉鸡品种

我国肉鸡品种资源丰富,尤以其肉质鲜美闻名于世,国际上育成的许多标准品种如芦花鸡、奥品顿、澳洲黑等兼用种,大多有我国九斤黄、狼山鸡的血缘。近 10 多年来风行于我国南北的石岐杂优质黄羽肉鸡,亦是以我国优良地方鸡种惠阳鸡为主要亲本与外来品种红色科尼什、新汉县、白洛克等进行复杂杂交选育而成的商品肉用鸡种。现将我国部分优良肉用鸡种简介如下。

## （一）惠 阳 鸡

1. 产地　主要产于广东省博罗、惠阳、惠东、龙门等东江地区。素以肉质鲜美、皮脆骨细、鸡味浓郁、肥育性能好，而在港澳活鸡市场久负盛誉，售价特高。

2. 外貌特征　惠阳鸡胸深背短，后躯丰满，蹠短，黄喙、黄羽、黄蹠，突出的特征是颔下有发达而张开的细羽毛，状似胡须，故又名三黄胡须鸡。头稍大，单冠直立，无肉髯或仅有很小的肉垂。主尾羽与主翼羽的背面常呈黑色，但也有全黄色的。皮肤淡黄色，毛孔浅而细，宰后去毛其皮质显得细而光滑。

3. 生产性能　在放牧饲养条件下，一般青年小母鸡需经6个月才能达到性成熟，体重约1.2千克。但此时经笼养肥育12～15天，可净增重0.35～0.4千克，耗料比为3.65：1。这种经前期放养、后期笼养肥育而成的肉鸡，品质最佳，鸡味最浓。

惠阳鸡的产蛋性能低，就巢性强，一般年产蛋70～80个，蛋重平均47克，蛋壳呈米黄色。

## （二）石岐杂鸡

1. 产地　该鸡种于60年代中期由香港渔农处和香港的几家育种场，选用广东的惠阳鸡、清远麻鸡和石岐鸡改良而成。为保持其三黄外貌、骨细肉嫩、鸡味鲜浓等特点，改进其繁殖力低与生长慢等缺点，曾先后引进新汉县、白洛克、科尼什和哈巴德等外来鸡种的血缘，得到了较为理想的杂交后代——石岐杂。它的肉质与惠阳鸡相仿，而在生长速度及产蛋性能上均比上述 3 个地方鸡种好。到 70 年代末,已发展成为香港的当家品种,且牢牢占领了港澳地区的活鸡市场,年上市量 2 000 万只以上。

2. 外貌特征　该鸡种保持着三黄鸡的黄毛、黄皮、黄脚、短脚、圆身、薄皮、细骨、肉厚的特点。

3. 生产性能　母鸡年产蛋 120～140 个,青年小母鸡饲养 110～120 天平均体重 1750 克,公鸡在 2 000 克以上,全期肉料比为 1:3.2～3.4。青年小母鸡半净膛屠宰率为 75%～82%,胸肌占活重的 11%～18%,腿肌占活重的 12%～14%。

### (三)清远麻鸡

1. 产地　产于广东省清远县一带。它以体型小、骨细、皮脆、肉质嫩滑、鸡味浓而成为有名的地方肉用鸡种。

2. 外貌特征　该鸡种的母鸡全身羽毛为深黄麻色,脚短而细,头小单冠,喙黄色,脚色有黄、黑两种。公鸡羽毛深红色,尾羽及主翼羽呈黑色。

3. 生产性能　年产蛋量只有 78～100 个。成年公鸡平均重 1.25 千克,母鸡平均重 1 千克左右,母鸡半净膛屠宰率平均为 85%,公鸡为 83.7%。

### (四)桃 源 鸡

1. 产地　产于湖南省桃源县一带。体型大、耐粗放、肉质好而为民间所喜养。

2. 外貌特征　公鸡颈羽金黄、黑色相间,体羽金黄色或红色,主尾羽呈黑色。母鸡羽色分黄羽型和麻羽型两种,腹羽均为黄色,主尾羽、主翼羽均为黑色。喙、脚多为青灰色。

3. 生产性能　桃源鸡早期生长慢且性成熟晚。年产蛋

100～150个,平均蛋重 53 克。成年公鸡体重 4～4.5 千克,母鸡 3～3.5 千克。

桃源鸡属于重型地方鸡种,因脚高、骨粗、生长慢,不适合直接作为活鸡出口。

## (五)萧山鸡

1.*产地* 产于浙江省萧山市一带。是我国优良的肉蛋兼用型地方鸡种。

2.*外貌特征* 萧山鸡体型较大,单冠、喙、蹠、皮肤均为黄色。羽毛颜色大部分为红、黄两种。公鸡偏红羽者多,主尾羽为黑色,母鸡黄色和淡黄色羽色占群体的 60% 以上,其余为栗壳色和麻色。

3.*生产性能* 早期生长较快。母鸡开产日龄为 180 天,年产蛋 130～150 个,蛋重 50～55 克。成年公鸡体重 3～3.5 千克,母鸡为 2～2.5 千克。育肥性能好,肉质细嫩,鸡味浓,缺点是脚高、骨粗,胸肌不丰满。

## (六)新浦东鸡

1.*产地* 新浦东鸡是上海市 1971 年采用浦东鸡与白洛克、红色科尼什进行杂交育种,经比较了几种杂交组合之后选出的最优组合,现已形成 4 个原系。

2.*生产性能* 新浦东鸡 70 日龄公母平均体重达 1.5 千克,保存了体大、肉质鲜美等特点,提高了早期生长速度和产蛋性能,体型、毛色基本一致,是一个遗传性基本稳定的配套品系。

## （七）鹿 苑 鸡

1. 产地　产于江苏省张家港市鹿苑镇一带。

2. 外貌特征　喙黄、脚黄、皮黄，羽色以淡黄与黄麻色两种为主，躯干宽而长，胸深，背腰平直。公鸡的镰羽短，呈黑色，主翼羽也有黑斑。

3. 生产性能　母鸡平均年产蛋126个，性成熟早，开产日龄184天（150～230天），蛋重50克左右。据测定，成年公鸡体重平均2.6千克，母鸡1.9千克。属体型大、肉质鲜美的肉用型地方优良品种。

## （八）北京油鸡

1. 产地　产于北京市德胜门和安定门一带。相传是古代给皇帝的贡品。

2. 外貌特征　因其冠毛（在头的顶部）、髯毛和踱毛甚为发达而俗称"三毛"鸡。油鸡的体躯小，羽毛丰满，头小，体羽分为金黄色与褐色两种。皮肤、踱和喙均为黄色。成年公鸡体重约2.5千克，母鸡1.8千克。

3. 生产性能　初产日龄约270天，年产蛋120～125个，就巢性强，蛋重57～60克。皮下脂肪及体内脂肪丰满，肉质细嫩，鸡味香浓，是适于后期肥育的优质肉用鸡种。

## （九）北京黄鸡

1. 产地　系北京农业大学利用北京油鸡与新汉县鸡杂交选育而成的肉质优良鸡种。

2. 生产性能　北京黄鸡120日龄时，公鸡体重1.8千克，母鸡1.2千克。杂交肉鸡70日龄活重达1.37～1.75千克。

我国地方良种鸡很多,尚有河南固始鸡,山东寿光鸡,内蒙古、山西的边鸡,贵州的贵农黄,东北的大骨鸡,辽宁的庄河鸡和江苏的狼山鸡等。

## 四、肉鸡的良种繁育体系

从 50 年代开始的现代化育种工作,是以标准品种为基础,采用近交、闭锁等方法选育出基因型比较纯合的专门化品系,在配合力测定的基础上进行各品系间的(二元、三元或四元)二次杂交,并将商品杂交鸡用于生产。为了充分利用杂种优势,将商品杂交鸡的育种和制种工作正常地进行下去,由品种资源、纯系培育、配合力测定、祖代和父母代场有机结合而成的良种繁育体系,是确保商品肉鸡生产性能高产稳定的根本。现将其中与肉鸡生产密切相关的制种阶段(图 2-1)简介于下。

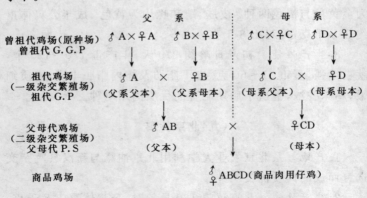

图 2-1　肉鸡良种繁育体系制种阶段示意图

这是经过许多品系间正反杂交,经配合力测定后确立的制种生产模式,是从配合力测定结果中选出的杂交优势最好的组合。A,B,C,D 是分别代表 4 个专门化品系,其中 A 系和 C 系在制种过程中只提供公雏,而 B 系和 D 系在制种过程中只提供母雏。各类鸡场的任务如下:

第一,原种鸡场是各专门化品系的纯繁场,同时向祖代鸡场提供♂A,♀B,♂C,♀D。

第二,祖代鸡场则要严格按配合力测定的结果所确定的配套模式(即♂A×♀B 与♂C×♀D)进行第一级杂交,并在所产生的后代中只留下♂AB 与♀CD 提供给父母代鸡场。其余的鸡雏即♀AB 与♂CD 均不得作为种鸡提供给父母代鸡场,而只能作为商品肉用仔鸡鸡雏用。

第三,父母代鸡场要严格按祖代鸡场提供的♂AB 与♀CD 进行第二级杂交,所产生的 ABCD 四元杂交的鸡雏供肉用仔鸡生产场进行商品生产。商品代的肉用仔鸡均不能再自繁留作种用,否则会因近亲繁殖而出现退化,导致后代鸡群生产性能下降。

除了四元二级杂交的制种模式外,目前有不少商品肉鸡是由三元二级杂交而来的,例如在本章第二节中谈及的黄羽肉鸡配套杂交体系,其制种模式见图 2-2。

在该制种模式中,母系先进行第一级杂交,如用“80”系公鸡与江苏红育鸡母鸡杂交(它犹如四元杂交中的♂C×♀D),其产生的后代(即 $F_1$ 代)只留母鸡作种用,然后在第二级杂交时,直接用一个专门化品系的公鸡(犹如四元杂交中的 A 系公鸡)与 $F_1$ 代母鸡杂交〔惠阳鸡公鸡(♂A)×$F_1$ 代母鸡(♀CD)〕产生 ACD 三元杂交的后代,供生产商品肉鸡用。

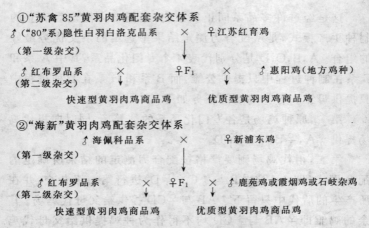

①"苏禽85"黄羽肉鸡配套杂交体系

♂("80"系)隐性白羽白洛克品系　　×　　♀江苏红育鸡
（第一级杂交）

♂红布罗品系　　×　　♀F₁　　×　　♂惠阳鸡（地方鸡种）
（第二级杂交）

　　　快速型黄羽肉鸡商品鸡　　优质型黄羽肉鸡商品鸡

②"海新"黄羽肉鸡配套杂交体系

♂海佩科品系　　×　　♀新浦东鸡
（第一级杂交）

♂红布罗品系　　×　　♀F₁　　×　　♂鹿苑鸡或霞烟鸡或石岐杂鸡
（第二级杂交）

　　快速型黄羽肉鸡商品鸡　　优质型黄羽肉鸡商品鸡

图 2-2　二套黄羽肉鸡配套杂交体系

在提高优良地方鸡种经济效益的研究中,江苏省家禽研究所选育的隐性白羽白洛克品系("80"系)作为父本,分别与萧山鸡、鹿苑鸡、太湖鸡、如皋鸡、贵农黄鸡等地方优良鸡种进行杂交。这种杂交方法,简单易行,只需引进少量父本公鸡,导入在地方鸡种纯繁结束后的母鸡群中,进行简单杂交。地方鸡种保种场不需另行增添房舍、设施而达保种及杂交增效两全其美的效果。由于"80"系是隐性白羽,所以杂交后代的毛色基本为黄羽,生长速度普遍比地方鸡种快 30％～50％以上,体重 70～80 天达 1.5 千克,即可上市。这不仅为生产优质黄羽肉鸡满足市场要求做出了贡献,同时又为提高优良地方鸡种及保证种场经济效益开辟了一条有效途径。

# 五、肉用商品鸡的选养

了解市场行情,正确地选养适销对路的种鸡雏和商品鸡雏,是养好肉用种鸡和肉用仔鸡的关键。目前,我国引进的肉鸡如海波罗,A·A,艾维茵等配套种鸡繁育体系以及国内有关科研部门研制的黄羽肉鸡配套体系已经形成,祖代鸡场、父母代种鸡场和商品鸡生产场分担着不同的制种任务,各级杂交必须严格按杂交组合方案实施各不相同的任务。

为了选好鸡种,养种鸡的单位一定要到经过验收合格的祖代鸡场选购优良的单杂交父母代鸡,然后按繁育体系的杂交方案进行第二级三元或四元杂交(即 A×CD 或 AB×CD),切勿购买一般生产场的商品鸡雏作种用。

专门养肉用仔鸡的专业鸡场和专业户,在选养鸡雏前,应充分了解市场行情,选养适销对路的肉用仔鸡鸡雏(白羽或是黄羽,快速型或是优质型等),除摸清楚商品鸡的准确来源、生产性能和疫源情况外,还要考虑饲料和饲养条件,制定有效的防疫程序,使品种的良好生产性能,在良好的饲养管理条件下得以充分发挥。

# 第三章　种鸡的繁殖

## 一、鸡的繁殖生理

鸡的繁殖过程是:

公鸡产生精子
　　　　　　　→ 受精作用 → 蛋的形成 → 产蛋 → 孵化 → 出雏
母　鸡　排　卵

### （一）公鸡的生殖生理

1. 公鸡的生殖器官　公鸡的生殖器官由睾丸、附睾、输精管及退化的交配器所构成（图 3-1）。

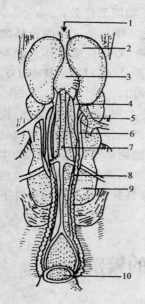

睾丸位于腹腔脊椎两侧、肾脏前叶下方，为蚕豆大小的两个实体。成熟睾丸重 15～20 克，性机能旺盛时，睾丸颜色变白，形状变大，精子大量形成，当性机能减退时则变小。睾丸不仅生成精子，还分泌雄性激素。

附睾不发达，位于睾丸内侧凹部，前接睾丸，后接输精管。

输精管左右各 1 条，为弯弯曲曲的白色细管，是精子成熟的场所，由前至后逐渐变粗形成一膨大部，此处存有大量成熟精子，其末端突入泄殖腔内，成为圆锥状的射精管乳头。

交配器官已退化，位于泄殖腔腹面内侧，由八字状襞和生殖突起组成。交配时，充血的八字状襞勃起，围成输精沟，精液由此流入母鸡的阴道口（图 3-2）。

**图 3-1　公鸡生殖器官**
1.后腔静脉　2.睾丸
3.睾丸系膜　4.附睾
5.髂静脉　6.输尿管
7.主动脉　8.输精管
9.肾脏　10.泄殖腔

2. 精子与性成熟　精子发育经过 4 个时期，即精原细胞、初级精母细胞、次级精母细胞和精子细胞。刚孵出的小公鸡其睾丸的精细管管壁上可以见到精原细胞。于 5～6 周龄时精细管发育,精原细胞开始增殖、生长,出现初级精母细胞。约于10周龄时,初级精母细胞经染色体减数分裂产生次级精母细胞,12周龄时,次级精母细胞进行有丝分裂形成精细胞,最后精细胞形成精子。

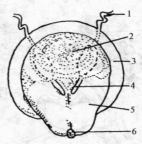

图 3-2　公鸡交配器官勃起
1.输精管　2.肌肉襞
3.肛门　4.输精管乳突
5.充血的八字状襞
6.生殖突起

　　一般在 20 周龄时,睾丸的精细管中都存有精细胞。当公鸡产生具有授精能力的精子时,即为性成熟。专门化肉用品系的公鸡一般在 23～24 周已性成熟,我国许多地方优良肉用品种鸡的性成熟较迟,一般在 25～30 周龄。

　　鸡的精液由精子及精清组成,是乳白色的不透明液体。鸡精液的量、密度、酸碱度以及精子活力等均受鸡种、年龄、季节和饲养管理等因素的影响。只有作直线前进运动的精子才具有授精能力。精子头部由顶体和核构成,顶体能分泌一种酶使卵黄膜溶解,帮助精子进入卵子中受精,顶体下端的核含有父本的遗传物质。

### (二)母鸡的生殖生理

　　1.母鸡的生殖器官　母鸡的生殖器官包括卵巢、输卵管两大部分,右侧卵巢和输卵管已退化成残迹,所以母鸡只左侧有生殖器官(图 3-3)。

　　卵巢位于腹腔中线偏左侧、肾脏前叶的前方。它由含有卵母细胞的皮质和内部的髓质组成。性成熟时母鸡的卵巢呈葡

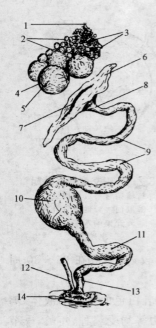

**图 3-3　母鸡生殖器官**

1.卵巢茎　2.小卵子　3.空卵泡　4.成熟卵　5.卵带　6.输卵管漏斗部　7.开口　8.输卵管颈　9.输卵管膨大部　10.输卵管峡部（含不完全蛋）　11.子宫　12.未发育的右侧输卵管　13.阴道　14.泄殖腔

萄状,其上面有许多大小不同、发育程度不等的白色卵泡,每个卵泡内含有1个生殖细胞即卵母细胞。卵巢又能分泌雌性激素,促使输卵管的生长和耻骨及肛门增大张开,以利于产蛋。

输卵管前端开口于卵巢的下方,后端开口于泄殖腔,共分为漏斗部、膨大部、峡部、子宫和阴道5个部分,其功能见表3-1。

2. 卵　在孵化5~6天后,雌性胚胎的性腺已分化完成。在孵化后期或雏鸡出壳后,已由卵原细胞变成初级卵母细胞,此阶段将持续数月直到性成熟。在排卵前1~2小时,初级卵母细胞才发生减数分裂产生1个次级卵母细胞和1个无卵黄的第一极体。所以,从卵巢排到输卵管漏斗部的卵子只是一个次级卵母细胞,它必须经过受精才能进行有丝分裂而产生成熟的卵细胞及第二极体。如不受精,这个卵子还是处在次级卵母细胞阶段。

从卵巢排出的卵子,立刻被输卵管的漏斗捕捉而进入输卵管,但当母鸡处于非正常状态或过高的跳跃时,有一些卵子不能成功地被漏斗捕捉而掉入腹腔,严重时会引起腹腔炎。

表 3-1　输卵管各部位的功能

| 输卵管部位 | 长度(厘米) | 卵在该处停留时间 | 功　　能 |
|---|---|---|---|
| 漏斗部 | 9 | 15分钟 | 承接卵子、受精 |
| 膨大部 | 33 | 3小时 | 分泌蛋白 |
| 峡　部 | 10 | 1小时20分钟 | 形成内外蛋壳膜,注入水分 |
| 子　宫 | 10～12 | 18～20小时 | 分泌子宫液,形成蛋壳、壳上膜、着色 |
| 阴　道 | 10 | 几分钟 | 通过卵 |

3.产蛋周期与产蛋率　母鸡产蛋有一定的周期性,一个产蛋周期包括"连产"蛋的天数和"间歇"的天数。而产蛋频率是指在一个产蛋周期内"连产"蛋天数的比率,如某只母鸡连产 3 只蛋休息 1 天,它的产蛋频率就是 3/4＝75％。而表示产蛋强度普遍使用的是产蛋率,它是指在一定时间内的产蛋数与所经历时间之比,如某母鸡 1 个月(30 天)内产蛋 18 个,则它该月的产蛋率为 18/30＝60％。

# 二、配　种

## (一)受　精

受精是精子与卵子相互结合、相互同化的过程。当卵子排出落入输卵管的漏斗部后,约停留 15 分钟,若遇有精子,可激活卵子进行有丝分裂继续发育成为一个受精卵。否则,卵子下行到膨大部被其所分泌的蛋白包围而无法再受精,由这种卵子形成的蛋就是无精蛋。

一般认为母鸡与公鸡交配后,有一部分精子能到达漏斗部接近卵子,依靠其顶体穿透 1 个卵子卵黄膜的精子有 6~24 个之多,但只有其中的 1 个精子的核起授精作用。虽然如此,众多精子的协同作用是非常重要的,所以,要获得理想的受精率,必须使母鸡的输卵管中保持一定数量的精子,这就是自然交配时公母鸡要有一定的比例,或是人工授精时要有一定的输精量及输精次数的原因。

母鸡经交配后,大部分精子贮存在输卵管内的子宫与阴道联合处,这里的皱褶俗称为"精子窝"。另外,还有少部分精子暂存在漏斗部的皱褶中(亦称"精子窝")。当母鸡排卵时,精子便从"精子窝"释放出来转移到受精部位。鸡的精子在输卵管中能存活相当长的一段时间,并具有授精能力,使母鸡在交配后一个时期内可以连续产受精蛋。据报道,母鸡与公鸡交配 12 天后仍有 60% 的母鸡产受精蛋,经 30 天精子仍可保持一定的授精能力,受精高峰期是交配后的 1 周内。

## (二)配种性比

据观察,自然交配的鸡群 1 天交配活动最频繁的时间,是在当天大部分母鸡产蛋以后,即下午 4~6 时,公鸡交配活动时间比较集中。所以,必须有适当的公母比例。同时,在鸡群中常常有一些"进攻型"公鸡干扰和阻碍其他公鸡的交配活动,只有在饲养密度稍小、公母鸡比例适宜的情况下,那些胆小的公鸡才能参与交配活动。公鸡过多会为争夺与母鸡交配而发生斗殴,干扰交配,降低受精率;公鸡过少,则会使母鸡得不到足够的交配次数而降低受精率。肉用种鸡的公母配比一般以 1:8~10 为宜。

# 三、专门化肉用鸡种的繁殖

肉用种鸡是肉用仔鸡业发展的基础。目前,它的繁殖能力由以前标准品种一个世代生产商品雏70只左右,提高到专门化品种父母代种鸡一个世代生产商品雏140只左右,这种提高是育种改良的结果。正是这种高的繁殖率,加上集中孵化、饲养周期短和饲料转化率高的特点,才使肉鸡业在畜牧业中首先步入工业化生产。

肉用仔鸡专用种的繁殖,一般由原种(品系)繁殖、一级杂交(祖代鸡增殖)、二级杂交(父母代鸡增殖)及商品代种蛋的孵化所构成。某祖代种鸡和父母代种鸡繁殖性能见表3-2,3-3。

表 3-2  某祖代种鸡生产性能

| 项          目 | 母系雌鸡 | 父系雌鸡 |
|---|---|---|
| 开始产蛋时(25周)体重(千克) | 2.59~2.78 | 2.70~2.90 |
| 产蛋率50%时(周龄) | 27~28 | 29~30 |
| 产蛋高峰时(周龄) | 31~33 | 31~33 |
| 入舍母鸡产蛋数(62周)(只) | 144~152 | 113~119 |
| 入舍母鸡可孵种蛋数(蛋重>54克)(只) | 133~140 | 94~98 |
| 平均孵化率(%) | 76~79 | 67~72 |
| 初生父母代种雌雏/入舍母鸡 | 51~55 | — |
| 初生父母代种雄雏/入舍母鸡 | — | 31~35 |
| 育成期死亡率(7~24周)(%) | 7~10 | 7~9 |
| 产蛋期死亡率(24~62周)(%) | 8~11 | 8~11 |

祖代父系和母系的繁殖性能比父母代差,而且父系的繁

殖性能更低,为达到下一级繁殖时公母为 15：100 的比例,祖代父系与母系的搭配比例大致为 30：100。

从表 3-2 中可以看到,祖代的母系雌鸡(即 D 系母鸡)62 周内可以得到入孵种蛋为 133～140 只,孵化率为 76%～79%,一般可以得到 101～110 只雏鸡,由于制种所需 D 系只要母鸡,而在 101～110 只雏鸡中只有大约一半为小母雏,加之在育成期的死亡率等,所以 D 系母鸡为繁殖父母代(CD)作种用时,它的增殖倍数只能为 50 倍左右($a_1$)。

表 3-3　某父母代种鸡生产性能

| 项　　目 | 数　　据 |
| --- | --- |
| 20 周龄体重(千克) | 1.94～2.11 |
| 24 周龄体重(千克) | 2.47～2.65 |
| 达 50%产蛋率(周龄) | 27～28 |
| 产蛋高峰(周龄) | 30～33 |
| 入舍母鸡产蛋数(64 周)(只) | 168～178 |
| 入舍母鸡种蛋数(蛋重>52 克)(只) | 158～166 |
| 平均孵化率(%) | 84.0～86.5 |
| 每一入舍母鸡出雏数(只) | 133～144 |
| 生长期死亡率(1～24 周)(%) | 3～5 |
| 产蛋期死亡率(24～64 周)(%) | 6.5～9.5 |

从表 3-2 中还可以看到,祖代的父系雌鸡(即 B 系母鸡)62 周内只能得到入孵种蛋 94～98 只,平均孵化率只有 67%～72%,一般只可能得到 62～70 只小雏鸡,其中只有一半为小母雏,加之育成期间的死亡率,一般 B 系母鸡为繁殖父母代(AB)作种用时,它的增殖倍数为 30～32 倍左右($a_2$)。

应保证在父母代配种期间公母比例(AB♂：CD♀)为

1∶10左右。而在选择优秀 AB 公鸡作种用时,考虑到 20 周龄前的死亡与淘汰率为 30%～40%,所以在其入雏时的公母比例一般按 18～15∶100(b),这样祖代的父系与母系的搭配比率为 30∶100(c)。上述数据的计算大致是:

|  | B 系 | D 系 |
|---|---|---|
| 祖代各系的增殖倍数 | $30(a_2)$ | $50(a_1)$ |
| 祖代父系与母系的比率 | 30 | 100(c) |
| $\times$ | | |
| 父母代入雏时公母比例 | 900 | 5000 |
| 即为 | 18 ∶ | 100(b) |

　　由于在制取父母代父本公鸡时淘汰率较高,所以上述的 18∶100 的比例是适中的。

　　这种二级杂交的制种体系,使 1 个祖代母系母鸡经过二级杂交产生 7 000 倍的后代,可见其繁殖系数之大。

　　从表 3-3 中可见,1 只 CD 单交种母鸡 64 周可产 158～166 只种蛋,按 84%～86.5% 的孵化率算,可产生 133～144 只商品代苗雏〔140 倍(d)〕。

　　从表 3-2,表 3-3 中可见,1 只 D 系母鸡在制种形成单交种 CD 系母鸡时增殖为 50 倍($a_1$),而 CD 系母鸡的 64 周繁殖系数为 140,两者相乘就是一个 D 系母鸡经二级杂交后的增殖倍数(7 000 倍)。

　　在各级杂交时,公母鸡入雏比例一般都在 15～18∶100,淘汰和死亡到 20 周龄时约为 1∶10,即第一级杂交时 ♂A∶♀B(1∶10),♂C∶♀D(1∶10);第二级杂交时 ♂AB∶♀CD(1∶10)。

　　按照上述各系的生产性能就可以安排全年的生产计划。

如果年产要达到 1 400 万只肉鸡,可以按上述各项比例作逆行推算,其方法如下:

## (一) 父 母 代

根据 1 只父母代母系母鸡的增殖率为 140(d),就可以计算出生产 1 400 万只肉鸡所需要的父母代母系的母鸡数为 1400 万/140=10 万只(e);

由上述数据(e)按 15∶100(b)的公母比例,可以计算出父母代父本的公鸡数为 10 万×15%=1.5 万只。

## (二) 祖 代

按 D 系增殖倍数为 50(a₁)计算,若生产 10 万只(e)父母代母系母鸡则需要祖代母系母本(D 系母鸡)数为 10 万/50=2 000 只。

由祖代母系的需要量,根据 30∶100(c)的比例可以计算出祖代父系母本(B 系母鸡)的需要量为 2 000×30%=600只。

而各系的父本公鸡数量均按 15∶100 的比例配置为好。

由计算得出各级杂交亲本的数量后,可参照各鸡场的种鸡舍实际情况,将 10 万只父母代种鸡按全年等分成若干批次引进。如每月引进一批,则每批引进约 8 400 只种鸡,按种鸡舍周转的实际情况,亦可每月初进 4 200 只,月中再进 4 200只。总之,如果想每月或每周基本得到同样多的肉用仔鸡,就必须在同一间隔时间引进种鸡。

应当指出的是:在父母代阶段(第二级杂交配种时)一般无需进行选择,所以,引入的父母代雏鸡,除去在饲养过程中的死亡、病态以及种公鸡进行少量淘汰外,母本均可作种用。

而祖代鸡阶段(第一级杂交配种时),父系与母系实际引入的数量比所需的祖代鸡数量为多,其选择强度要根据各种鸡公司的引种说明要求而定。

# 第四章　肉用种鸡的饲养与管理

肉用鸡的最大特点是生长快速、沉积脂肪的能力很强,无论在生长阶段还是产蛋阶段,如果不执行适当的限制饲养制度,种母鸡会因体重过大、脂肪沉积过多而导致产蛋率下降,种公鸡也会因过肥过大而导致配种能力差、精液品质不良,致使受精率低下,甚至发生腿部疾病而丧失配种能力。产蛋率与受精率都是直接影响肉用仔鸡雏鸡来源的,为了提高肉用种鸡的繁殖性能及种用价值,必须抓好以下关键技术:①限制性饲养制度。②肉用种鸡的体重控制技术。③光照管理。

## 一、肉用种鸡的限制饲养

### (一)限制饲养的作用

1. 使鸡取得合理的养料,以维持营养平衡　限制饲喂,是在饲喂量上使鸡群于第二天喂料前能将头天喂的料的粉末都吃得干干净净;在营养上,按要求设计的饲料营养能全部被鸡所摄取,从而确保鸡的营养需要与平衡。反之,过量地投喂饲料,让鸡群从容不迫地挑拣,养成挑食、偏食粒状谷类的习惯,使食入的能量过多,而蛋白质、维生素不足,营养不平衡,严重影响肉蛋的产量。

2.增加运动,有利于骨骼、脏器发育  由于限制饲喂,在早上投料前饲料槽内已干干净净,没有饲料了,鸡只空腹饿肚而在鸡舍内来回转窜,当投料时整个鸡群都争先恐后跳跃争食,从而引发鸡群的运动。这种运动,不仅能增强消化功能,而且有助于扩张骨架,使内脏容积扩大,长成胸部宽阔、肩膀高耸、脚爪十分有力的强壮体型。

3.减少饲料消耗,降低饲养成本  鸡的限制饲养,可以理解为减少饲料喂量的一种饲养方式。据统计,肉用种鸡在10周龄时自由采食的采食量是每100只鸡每天10.4千克,个体体重达1.95千克;限喂的鸡群需到20周龄时体重才达到1.85千克,每100只鸡每天采食量只有9.2千克。累计20周的耗料量,自由采食的鸡每只为18千克,差不多是限制饲喂鸡群(9.5千克左右)的2倍。也就是说,由于限制饲喂可以节省饲料一半左右。

4.减少腹脂沉积,降低产蛋期死亡率  限饲可以降低鸡体腹脂沉积量的20%～30%。能防止因过肥而在开产时发生难产、脱肛,产蛋中、后期可以预防脂肪肝综合征的发生。过肥的鸡在夏天耐热力差,容易引起中暑、死亡。试验资料表明,限制饲养不仅能使鸡的产蛋潜力得到充分地发挥,而且鸡的死亡率也可以减少一半左右。

5.使鸡群在适当时期性成熟,并与体成熟同步  限饲可以使幼、中雏期间骨骼和各种脏器得到充分发育。在整个育成期间人为地控制鸡的生长发育,保持适当的体重,使之在适当的时期性成熟并与体成熟同步。肉用种鸡一般于24周龄左右见蛋,27～28周龄达50%产蛋率,30～32周龄进入产蛋高峰。见蛋不早于20～22周龄,不迟于27周龄。研究表明,限制饲养的母鸡其活重和屠体脂肪重量要比自由采食的鸡低,但输卵管重量,不论绝对值还是占体重的百分比都有所增加,而且长度显著增加,同时这种母鸡在发育期间滤泡数增多,发育速度较快。所以,其后的产蛋量、蛋重均有提高,种蛋的合格率比不限饲的提高 5% 左右。

6. 提高鸡群的整齐度　　有关材料表明,全群中个体的体重接近标准体重的越多,整群鸡的产蛋高峰就越高,高峰的持续时间就越长。限制饲养能通过控制鸡群的生长速度来控制体重,使绝大多数个体的体重控制在标准体重范围之内。一般要求鸡群的整齐度为:有 75%~80% 的鸡的体重分布在全群平均数±10% 的范围之内(这儿的全群平均数在各公司的鸡种介绍中均有各自的标准体重)。这样的鸡群其开产的日龄比较一致,产蛋率和蛋的合格率均高。群体体重整齐度与产蛋量的变异关系见表 4-1。

表 4-1　体重整齐度与产蛋量的变异关系

| 符合全群标准体重平均数±10% 的鸡数比率(%) | 每只鸡每年产蛋量的差异(个) |
| --- | --- |
| 79 | +12 |
| 76 | +8 |
| 73 | +4 |
| 70 | 0(基础) |
| 67 | -4 |
| 64 | -8 |
| 61 | -12 |
| 58 | -16 |
| 55 | -20 |
| 52 | -24 |

由表 4-1 可见,以 70% 的鸡控制在标准体重范围之内为基础(0),整齐度每增减 3%,平均每只鸡每年产蛋量亦相应增减 4 只。所以,整齐度的增加可以增加产蛋量,而降低整齐

度将减少产蛋量。

## （二）限制饲养的方法

限制饲养是通过有计划地控制鸡的日粮营养水平、采食量和采食时间，达到控制种鸡的生长发育，使之适时开产。具体办法如下：

1. 限时法　主要是通过控制鸡的采食时间来控制采食量，以此来达到控制体重和性成熟的目标。

（1）每日限喂　每天喂给一定量的饲料和饮水，或规定饲喂次数和每次采食的时间。这种方法对鸡的应激较小。

（2）隔日限喂　即喂1天，停1天。把两天限喂的饲料量在1天中喂给。此法是较好的限喂方法，它可以降低竞争食槽的影响，从而得到符合目标体重、一致性较高的群体。如果每日喂给的饲料很快被吃完，仅仅是那些最霸道的鸡能吃饱，其余的鸡挨饿，结果整群鸡生长不一致。由于1次给予2天的限饲量，所以无论是霸道鸡和胆小的鸡都有机会吃到饲料。例如，每天限喂量是50克，两天的喂料量为100克，将此100克饲料在喂料日1次性投给，其余时间断料。

（3）每周停喂两天　即每周喂5天，停2天，一般是周日、周三停喂。喂料日的喂料量是将1周中限喂的饲料量均衡地分作5天喂给（即将1天的限喂量乘7除5即得）。

（4）4/3限喂法和6/1限喂法　前者是每周喂4天，停3天。这与5/2限喂法一样，不能连续停喂2天以上，也就是说1周的安排应该是1天喂料与1天停料间隔进行，其喂料日的喂料量是将1周中限喂的饲料量均衡地分作4天喂给（即将1天的喂料量乘7除以4即得）。而6/1限喂法就是每周喂6天，停喂1天，其喂料日的喂料量是将1天的喂料量乘7除以 6 即得。

这些限饲方式都将引起应激,但其激烈程度不同,一般认为隔日限饲的应激程度最激烈,以其为 100％ 计,其他限饲方式的应激程度相应为:4/3 限饲法为 88％,5/2 限饲法为 70％,6/1 限饲法为 58.5％,而每日限饲法的应激程度仅为 50％。

高强度的限饲方式只有在非常必要的阶段才施行,例如肉用种鸡在 7～12 周龄期间是其整个育成期体重增加较快的时期,如果管理不当,就可能造成超重或大小不匀而影响群体的均匀度,因此,肉鸡公司一般都建议在 7～12 周龄期间采用隔日限饲方式或者是 4/3 限饲法,这主要是依体重增长的控制强度而定。

2. **限质法**　即限制饲料的营养水平。一般采用低能量、低蛋白质或同时降低能量、蛋白质含量以至赖氨酸的含量,达到限制鸡群生长发育的目的。在肉用种鸡的实际应用中,同时限制日粮中的能量和蛋白质的供给量,而其他的营养成分如维生素、常量元素和微量元素则应充分供给,以满足鸡体生长和各种器官发育的需要。

3. **限量法**　规定鸡群每天、每周或某个阶段的饲料用量。肉用种鸡一般按自由采食量的 60％～80％ 计算供给量。

大多数育种单位对肉用种鸡都实施综合限饲的程序,就是将各种限饲方法结合应用。一般可采用 3～6 周龄施用每日限饲法,7～12 周龄施用 4/3 限饲法,13～18 周龄施用 5/2 限饲法,19～22 周龄施用 6/1 限饲法,23～24 周龄施用每日限饲法。美国 A・A 公司 80 年代对 A・A 种公鸡和种母鸡的限喂量见表 4-2,4-3。

## 表 4-2　A·A 种公鸡体重和饲喂量

| 周龄 | 日龄 | 体重（千克） | 每日限饲的喂量（千克） | 综合限饲程序 | |
|---|---|---|---|---|---|
| | | | | 喂量（千克） | 程序编排 |
| 1 | 1～7 | | 任食 | 任食 | |
| 2 | 8～14 | | 任食 | 任食 | |
| 3 | 15～21 | | 任食 | 任食 | |
| 4 | 22～28 | 0.544～0.599 | 5.8 | 5.8 | 每天限喂 |
| 5 | 29～35 | 0.681～0.749 | 6.9 | 6.9 | 每天限喂 |
| 6 | 36～42 | 0.817～0.898 | 7.5 | 7.5 | 每天限喂 |
| 7 | 43～49 | 0.944～1.039 | 7.7 | 15.4① | 隔日限制饲喂 |
| 8 | 50～56 | 1.080～1.189 | 8.3 | 16.6 | 隔日限制饲喂 |
| 9 | 57～63 | 1.207～1.329 | 8.7 | 17.4 | 隔日限制饲喂 |
| 10 | 64～70 | 1.343～1.479 | 9.2 | 18.4 | 隔日限制饲喂 |
| 11 | 71～77 | 1.470～1.615 | 9.4 | 18.8 | 隔日限制饲喂 |
| 12 | 78～84 | 1.615～1.779 | 9.9 | 19.8 | 隔日限制饲喂 |
| 13 | 85～91 | 1.742～1.915 | 10.2 | 15.3② | 喂2天饲料，停喂1天 |
| 14 | 92～98 | 1.887～2.078 | 10.6 | 15.9 | 喂2天饲料，停喂1天 |
| 15 | 99～105 | 2.015～2.214 | 11.0 | 16.5 | 喂2天饲料，停喂1天 |
| 16 | 106～112 | 2.151～2.364 | 11.3 | 16.9 | 喂2天饲料，停喂1天 |
| 17 | 113～119 | 2.278～2.505 | 11.7 | 17.6 | 喂2天饲料，停喂1天 |
| 18 | 120～126 | 2.423～2.663 | 12.0 | 18.0 | 喂2天饲料，停喂1天 |
| 19 | 127～133 | 2.550～2.804 | 12.4 | 18.6 | 喂2天饲料，停喂1天 |
| 20 | 134～140 | 2.677～2.945 | 12.6 | 17.6③ | 喂5天，禁食周日、周三 |
| 21 | 141～147 | 2.813～3.094 | 13.0 | 18.2 | 喂5天，禁食周日、周三 |
| 22 | 148～154 | 2.949～3.244 | 13.3 | 18.7 | 喂5天，禁食周日、周三 |
| 23 | 155～161 | 3.085～3.394 | 13.6 | 19.0 | 喂5天，禁食周日、周三 |
| 24 | 162～168 | 3.212～3.534 | 13.9 | 13.9 | 每天限喂 |

注：①隔日限喂的喂料日饲料量＝每日限饲量×2，即 7.7×2＝15.4
　　②喂2天停1天的喂料日饲料量＝每日限饲量×3/2，即 10.2×3/2＝15.3
　　③喂5天禁2天的喂料日饲料量＝每日限饲量×7/5，即 12.6×7/5＝17.6

## 表 4-3　Ａ·Ａ种母鸡体重和饲喂量

| 周龄 | 日龄 | 体重（千克） | 每天喂饲 100 只鸡的喂量 | | | |
|---|---|---|---|---|---|---|
| | | | 每日限饲的喂量（千克） | 综合限饲程序 | | |
| | | | | 喂量（千克） | 程序编排 | |
| 1 | 1～7 | | 任食 | 任食 | | |
| 2 | 8～14 | | 任食 | 任食 | | |
| 3 | 15～21 | | 任食 | 任食 | | |
| 4 | 22～28 | 0.454～0.499 | 4.9 | 4.9 | 每天限喂 | |
| 5 | 29～35 | 0.554～0.617 | 5.6 | 5.6 | 每天限喂 | |
| 6 | 36～42 | 0.653～0.735 | 6.1 | 6.1 | 每天限喂 | |
| 7 | 43～49 | 0.758～0.844 | 6.3 | 12.6[1] | 隔日限制饲喂 | |
| 8 | 50～56 | 0.858～0.953 | 6.6 | 13.2 | 隔日限制饲喂 | |
| 9 | 57～63 | 0.957～1.062 | 6.9 | 13.8 | 隔日限制饲喂 | |
| 10 | 64～70 | 1.062～1.171 | 7.2 | 14.4 | 隔日限制饲喂 | |
| 11 | 71～77 | 1.162～1.279 | 7.4 | 14.8 | 隔日限制饲喂 | |
| 12 | 78～84 | 1.261～1.388 | 7.7 | 11.6[2] | 喂 2 天饲料,停喂 1 天 | |
| 13 | 85～91 | 1.361～1.506 | 8.0 | 12.0 | 喂 2 天饲料,停喂 1 天 | |
| 14 | 92～98 | 1.461～1.624 | 8.2 | 12.3 | 喂 2 天饲料,停喂 1 天 | |
| 15 | 99～105 | 1.561～1.733 | 8.5 | 12.7 | 喂 2 天饲料,停喂 1 天 | |
| 16 | 106～112 | 1.665～1.842 | 8.7 | 13.1 | 喂 2 天饲料,停喂 1 天 | |
| 17 | 113～119 | 1.765～1.951 | 9.0 | 13.5 | 喂 2 天饲料,停喂 1 天 | |
| 18 | 120～126 | 1.865～2.060 | 9.3 | 13.9 | 喂 2 天饲料,停喂 1 天 | |
| 19 | 127～133 | 1.978～2.169 | 9.5 | 14.3 | 喂 2 天饲料,停喂 1 天 | |
| 20 | 134～140 | 2.069～2.278 | 9.8 | 13.7[3] | 喂 5 天,禁食周日、周三 | |
| 21 | 141～147 | 2.169～2.396 | 10.0 | 14.0 | 喂 5 天,禁食周日、周三 | |
| 22 | 148～154 | 2.269～2.505 | 10.3 | 14.4 | 喂 5 天,禁食周日、周三 | |
| 23 | 155～161 | 2.368～2.613 | 11.0 | 15.4 | 喂 5 天,禁食周日、周三 | |
| 24 | 162～168 | 2.473～2.722 | 12.0 | 12.0 | 每天限喂 | |

注:①隔日限喂的喂料日饲料量＝每日限饲量×2,即 6.3×2＝12.6
　　②喂 2 天停 1 天的喂料日饲料量＝每日限饲量×3/2,即 7.7×3/2＝11.6
　　③喂 5 天禁 2 天的喂料日饲料量＝每日限饲量×7/5,即 9.8×7/5＝13.7

在生产中要根据鸡舍设备条件、育成的目标和各种限饲方法的优缺点来选择限制饲养制度,防止产生"在满足营养需要的限度内,体重限制越严,生产性能越好"的片面认识。

### (三)限制饲养的注意事项

第一,在应用限制饲喂程序时,应注意在任何一个喂料日,其喂料量均不可超过产蛋高峰期的料量。如 1994~1995 年版的 Ａ·Ａ 鸡父母代种鸡饲养指南中,其产蛋高峰期料量每只每日 160 克,那么,使用隔日饲喂法直至 16 周龄末时,其采食量约为每日每只 152 克,如果至 17 周龄还使用此法限饲,那么饲喂日的喂料量就要达到每日每只 164 克,超过了产蛋高峰期每日每只 160 克的料量。如自 17 周龄开始改用 5/2 限喂法直到 22 周龄末时其饲喂日的料量达每只 157 克,而 23 周龄饲喂日的料量达到 171 克,所以,如采用此法限喂,其最后的极限期只能到 22 周龄末,之后应改用其他强度较弱的限饲方式。

第二,限制饲养一定要有足够的食槽、饮水器和合理的鸡舍面积,使每只鸡都能均等地采食、饮水和活动。

第三,限喂的主要目的是限制摄取能量饲料,而维生素、常量元素和微量元素要满足鸡的营养需要。如按照限量法进行饲养,饲喂量仅为自由采食鸡的 80%。也就是说将所有的营养成分都限制了 20%,如在此基础上再添加维生素,可以提高限制饲养的效果。因此,要根据实际情况,结合饲养标准确定限喂饲料量,否则,会造成不应有的损失。

第四,限制饲喂会引起过量饮水,容易弄湿垫料,可以采用限制供水的办法。在喂料日从喂料前 30 分钟至 1 小时开始供水直到饲料吃完后 1~2 小时持续供水,午前再供水 1 次

20～30分钟。下午供水 2～3 次,每次20～30分钟,最后 1 次可放在天黑前。停料日则在清晨和午前各供水 1 次,每次20～30分钟,下午供水与喂料日相同。在炎热季节或鸡群发生应激时应中止限水,而要加强鸡舍通风、松动和更换垫料。确定鸡群饮水量是否适宜,可触摸鸡只的嗉囊,如嗉囊坚硬,是饮水不足的迹象。如限制饮水不当往往会延迟性成熟而导致严重的后果。

第五,限制饲喂会引起饥饿应激,容易诱发恶癖,所以应在限饲前(在 7～10 日龄)对母鸡进行正确的断喙,公鸡还需断内趾及距。

第六,限制饲喂时应密切注意鸡群健康状况。在患病、接种疫苗、转群等应激时要酌量增加饲料或临时恢复自由采食,并要增喂抗应激的维生素 C 和维生素 E。

第七,在育成期公母鸡最好分开饲养,有利于控制体重。

第八,停饲日不可喂砂砾。平养的育成鸡可按每周每100只鸡投放中等粒度的不溶性砂砾 300 克,作垫料。

# 二、肉用种鸡的体形控制

## (一)现代肉用种鸡的体形概念

对肉用仔鸡只求生长快、体重大、耗料省的选择,加快了肉用仔鸡的生长速度;与此同时,也形成了其亲本的快速生长和沉积脂肪的能力。在自由采食条件下,8～9 周龄的肉用种鸡即达成年体重的 80%,由此会带来性成熟早、种蛋合格率降低、产蛋率上升缓慢而下降快,达不到应有的产蛋高峰,利用时间缩短,种用期间死亡、淘汰率增高等繁殖性能低下的后果。

试验表明,鸡体达到性成熟是一个很独特的过程,对优良种鸡的培育就要求在鸡只生长的前几周使骨骼组织和肌肉、内脏等软组织优先生长,而在 14 周龄后应逐步促进鸡只的睾丸、输卵管和卵泡的生长,以至达到性成熟。因此,要特别强调的是,种鸡在育雏到育成时期是用它的骨骼发育程度和体重增长的幅度来衡量其发育程度的,也就是鸡的体况,而不是达到多少体重就算性成熟了。

于是,为了获取高产的母鸡群,对母雏要控制其具有适当的骨架,若控制不当形成了大骨架,种鸡群不仅开产期推迟,产蛋高峰低,而且消耗饲料也多。对于公雏,则要求它有较长的胫骨,至 8 周龄时至少要有 100 毫米的高度,成年公鸡的胫骨长度要达到 140 毫米以上。否则,即使体重已达标准也不能入选。为此,在育雏的早期均采用含 18% 蛋白质的饲料。母雏比公雏要控制得更严格些。为了使母雏达到 4 周龄时有一个较小的体重,限饲不得晚于 2 周龄末,当每天消耗料量达 27 克时即开始每日限饲,累计吃进 75 克蛋白质(相当于 420 克含 18% 蛋白质的饲料)后,就要将育雏料更换成含 15% 蛋白质的育成料,并限制饲喂,主要是控制其骨架生长,不至于形成大骨架。公雏则要求累计吃进 180 克蛋白质(相当于 1 000克含 18% 蛋白质的饲料)后才改用育成料,因为太早更换育雏料会影响公雏胫骨发育。

在育成前期(7~12 周龄)采用隔日限饲或 4/3 法限饲,严格控制快速生长期的生长速度,使体重比标准要求低些,但胫骨长度要达到或超过标准。到 16~23 周龄期间,又要保证鸡只每周得到 130~160 克增重的充分发育(满足该时期生殖系统的充分发育)。鸡只只有在此期间获得了充分发育,才可能对光刺激做出最佳反应，这也就是说在体成熟到来时也相应地达到了性成熟。这种对不同时期生长发育加以控制所形成的"生长曲线"，才是符合培育优秀种鸡的现代的鸡种概念。

## （二）理想的肉用种鸡群体重

为培育一个体重、体型不过重过大，产蛋较多的种鸡群，以实现种鸡的优良繁殖性能，应掌握以下的必要条件。

第一，群体的平均体重应与种鸡的标准体重（各种鸡供应单位都有资料介绍）相符，个体差异最多不超过标准体重上下10%的范围。

第二，体重整齐度应在75%以上，即应有全群总数75%以上的个体重量处在标准体重上下10%的范围内。

第三，各周龄增重速度均衡适宜。

第四，无特定传染性疾病，鸡群发育良好。

为了达到上述要求，在满足鸡对营养需要的情况下，人为地采用限制饲喂和光照技术等，有效地控制性成熟和体重，适当推迟开产日龄，是提高产蛋量和受精率的基本措施。

## （三）体重控制与喂料量的调整

1. 体重标准　好的肉用种鸡是在适当时期经过减缓生长速度而得到的，每个鸡种都有一个标准的生长曲线，而且同一鸡种随着选育世代的遗传进展，其"生长曲线"也在变化之中，但最终目的都是要使种母鸡在开产时具有坚实的骨骼、发达的肌肉、沉积很少的脂肪和充分发育的生殖系统。达到这个目的的最好办法是按"生长曲线"的要求控制体重（换句话说是控制生长速度），实质是在限制采食量的基础上调整喂料量。控制生长速度的唯一办法是在生长期有规律地取样和个体称重,并且将实际的平均体重与推荐的目标体重逐周地相比较,这种对比是决定饲喂量的唯一的依据。为此,各育种单位都制定了各自鸡种在正常条件下,各周龄的推荐料量和标准体重。表 4-4 是某公司有关种鸡的目标体重和饲料推荐量。

**表 4-4　某种鸡目标体重及饲料推荐量**

| 周龄 | 公　　　鸡 | | | 母　　　鸡 | | |
|---|---|---|---|---|---|---|
| | 体重(克) | 日　龄 | 每只每日饲料量(克) | 体重(克) | 日　　龄 | 每只每日饲料量(克) |
| 1 | 108 | 1～11 | 任食至 24 克 | 108 | 1～7 | 任食至 22 克 |
| 2 | 195 | 12～13 | 25 | 195 | 8～9 | 23 |
| | | | | | 10～11 | 24 |
| 3 | 295 | 14～15 | 26 | 295 | 12～13 | 25 |
| 4 | 410 | 16～17 | 27 | 405 | 14～15 | 26 |
| | | | | | 16～17 | 28 |
| 5 | 545 | 18～19 | 28 | 505 | 18～19 | 30 |
| | | | | | 20～21 | 32 |
| 6 | 690 | 20～21 | 29 | 605 | 22～24 | 34 |
| 7 | 840 | 22～23 | 32 | 705 | 25～27 | 36 |
| | | | | | 28～30 | 38 |
| 8 | 990 | 24～26 | 35 | 805 | 31～33 | 40 |
| 9 | 1140 | 27～29 | 38 | 905 | 34～36 | 42 |
| | | | | | 37～39 | 44 |
| 10 | 1290 | 30～32 | 40 | 995 | 40～42 | 46 |
| 11 | 1445 | 33～35 | 42 | 1085 | 43～45 | 48 |
| | | | | | 46～49 | 50 |
| 12 | 1580 | 36～38 | 44 | 1175 | 50～56 | 52 |
| 13 | 1700 | 39～43 | 48 | 1255 | 57～63 | 54 |
| | | | | | 64～70 | 56 |
| 14 | 1820 | 44～49 | 53 | 1335 | 71～77 | 58 |
| 15 | 1930 | 50～56 | 58 | 1420 | 78～84 | 58 |
| | | | | | 85～91 | 58 |
| 16 | 2025 | 57～63 | 64 | 1525 | 92～98 | 58 |
| 17 | 2120 | 64～70 | 70 | 1640 | 99～105 | 58 |
| | | | | | 106～112 | 65 |
| 18 | 2205 | 71～77 | 76 | 1760 | 113～119 | 67 |
| 19 | 2285 | 78～84 | 80 | 1880 | 120～126 | 73 |
| | | | | | 127～133 | 80 |
| 20 | 2360 | 85～126 | 82 | 2005 | 134～140 | 85 |
| 21 | 2435 | 127～140 | 85 | 2130 | 141～147 | 94 |
| 22 | 2510 | 141～154 | 93 | 2260 | 148～154 | 105 |

注:表中饲料量是日粮能量为 11.51 兆焦/千克时的进食量

2.称重与记录　饲料量的调整和体重控制的依据是称重。称重的时间从 4 周龄起直到产蛋高峰前,每周 1 次,在同一天的相同时间进行空腹称重。每日限喂的在下午称重,隔日限喂的在停喂日称重。称重的数量,一般随机取样检查鸡群鸡数的 5％,但不得少于 50 只。可用围栏在每圈鸡的中央随机圈鸡,被圈中的鸡不论多少均须逐只称重并记录。逐只称重的目的是在求得全群鸡的平均体重后,计算在此平均体重 ±10％的范围内的鸡数。同一鸡群的体重分级应采用同一标准,否则,由此计算而得到的整齐度出入较大。如以每 5 克为一个等级的整齐度为 68％时,当按 10 克为一个等级计算时,其整齐度为 70％,20 克时为 73％,45 克时已上升到 78％。所以,称重用的衡器最小感量要在 20 克以下。肉用种鸡育成后期,有 75％以上的鸡处在此范围之内的,可以认为该鸡群整齐度是好的。各种鸡公司的要求略有出入,表 4-5 是塔特姆种鸡各时期整齐度的标准。

**表 4-5　塔特姆种鸡各时期整齐度标准**

| 周　　龄 | 体重在平均体重±10％范围内的鸡只百分数 |
|---|---|
| 4～6 | 80～85 |
| 7～11 | 75～80 |
| 12～15 | 75～80 |
| 20 以上 | 80～85 |

称重的记录式样可参照表 4-6。其计算办法如下:

$$平均重(\overline{X}) = \frac{累加所称个体的体重(\Sigma X)}{称重的鸡数(n)}$$

范围$(\overline{X}±\overline{X}10％) = \overline{X}+\overline{X}10％～\overline{X}-\overline{X}10％$(平均重+平均重×10/100～平均重-平均重×10/100)

$$鸡群整齐度 = \frac{处在平均体重±10％范围内的鸡数}{样本称重的鸡数} × 100％$$

### 表 4-6  体重记录表

| 鸡　　场 | 品　种 | 鸡舍号 | 间　号 | 性　别 | 日　龄 | 日　　期 |
|---|---|---|---|---|---|---|
| | | | | | | |

| 称重的鸡数 | 平　均　重 | | 指标体重 | | 整　齐　度<br>处在平均重±10%范围内<br>的鸡数占全群% | |
|---|---|---|---|---|---|---|
| 重量(克) | 鸡　　　数 | | 重量(克) | | 鸡　　　数 | |
| 00 | | | 80 | | | |
| 20 | | | 00 | | | |
| 40 | | | 20 | | | |
| 60 | | | 40 | | | |
| 80 | | | 60 | | | |
| 00 | | | 80 | | | |
| 20 | | | 00 | | | |
| 40 | | | 20 | | | |
| 60 | | | 40 | | | |
| …… | | | | | | |

3.喂料量的调整　在实际饲养中,由于鸡舍、营养、管理、气候和鸡群状况的影响,各周的实际喂料量是根据当周的称重结果与该周龄鸡的标准体重对比,然后根据符合体重标准、超重或不足的程度,在下周推荐料量的基础上,进行增减或维持原定的饲料量,按此方法逐周确定下周的喂料量,使体重控制在标准范围之内。

当体重超过当周标准时,下周喂量只能继续维持上周的喂料量,而不能增加饲料量,或只减少下周所要增加的部分饲料量。例如,原来鸡隔日饲喂 100 克饲料,现在体重超过标准10%,则下周仍保持 100 克的喂料量;如果鸡超过标准体重4%～5%,那么下周仅增加 2 克饲料量,直至鸡群体重控制到标准体重范围之内为止。千万不可用减少喂料量来减轻体重。对育成后期体重稍大的种鸡，切勿为了迎合标准体重而过多地限制增重，由此而形成的"大瘦鸡"会使性成熟受阻。所以，正确的生长模式要比正确的开产体重更重要。

如果体重低于当周标准，在确定下周喂料量时，要在原有喂料量的标准基础上适当增加饲料量，以加快生长，使鸡群的平均体重渐渐上升到标准要求。通常情况下，平均体重比标准体重低 1％时，喂料量在原有标准量的基础上增加 1％，由于饲料的增加不会在体重上有即刻的反应，但其延续效应是会反映出来的，因此 1 次不可增加太多，可按每 100 只鸡增加 0.5 千克的比率在 1 周内分 2～3 次进行调整。否则，就可能育成"小壮鸡"。

**4. 提高鸡群的整齐度** 理论和实践都证明，个体重明显低于平均体重者，由于产蛋高峰前营养储备不足，所以到达高峰的时间延迟，将影响群体产蛋高峰的形成，并在高峰后产蛋率迅速下降，蛋重偏小，且合格率低，开产日龄比接近标准体重的鸡要推迟 1～4 周，饲料转化率低，易感染疾病，死亡率高。所以，为提高群体整齐度，必须减少群体中较轻体重的个体数，这可从以下几方面着手：

第一，采用封闭式育雏，使鸡群不发病或少发病。因为鸡群一旦感染疾病，重则死亡，轻的也会带来个体大小不一。因此，严格卫生防疫制度和施行科学的免疫程序，是提高鸡群整齐度的保证。

第二，饲养环境要符合限喂要求，如光照强度和时间、温度、通风，尤其是饲养密度、饮水器和食槽长度都应满足鸡能同时采食或饮水的需要（表 4-7）。否则强者霸道多吃，体重越大，弱者越少吃，体重越小，难以达到群体发育一致的要求。

表 4-7　限饲时的密度与食槽、水槽条件

| 类型 | | 饲养密度 | | 采食槽位 | | 饮水槽位 | | | |
|---|---|---|---|---|---|---|---|---|---|
| | | 垫料平养(只/米²) | 1/3垫料2/3栅网(只/米²) | 长食槽单侧(厘米/只) | 料桶(直径40厘米,个/100只) | 长水槽(厘米/只) | 乳头饮水器(个/100只) | 饮水杯(个/100只) | 圆饮水器(直径35厘米,个/100只) |
| 种母鸡 | 矮小型 | 4.8～6.3 | 5.3～7.5 | 12.5 | 6 | 2.2 | 11 | 8 | 1.3 |
| | 普通型 | 3.6～5.4 | 4.7～6.1 | 15.0 | 8 | 2.5 | 12 | 9 | 1.6 |
| 种公鸡 | | 2.7 | 3.0～5.4 | 21.0 | 16 | 3.2 | 13 | 10 | 2.0 |

第三,按限饲程序要求提供的饲料量,要在最短的时间内,给所有的鸡提供等量、分布均匀的饲料。试验资料表明,最多应在15分钟内喂完饲料,这对鸡群整齐度和生长性能的影响不显著,在实际生产中也是可行的。

第四,在限饲前对所有鸡逐只称重,按体重大、中、小分群饲养,并在育成期的6,12,16周龄时对种鸡进行全群称重,并按个体大小作调整,对体弱和体重轻的鸡挑出单独饲喂,减轻限喂程度,或适当加强营养,体重过轻的鸡不能1次加料过多,以免在短时间内体重达标而形成"小壮鸡",影响生殖器官发育。

第五,对转群前体重整齐度仍差的鸡群,应在转进产蛋鸡舍时按体重大、中、小分级饲养,对体重大的则适当控制喂量,体重小的增加喂量,这对提高性成熟的整齐度有一定的效果。

第六,公母分饲。由于公母鸡采食速度、料量以及体形要求不同,公母鸡应分开饲养,这无论对母鸡还是公鸡,都有利于整齐度的提高。

## （四）体重控制的阶段目标与开产日龄的控制

现代培育优秀种鸡的观念是建立在肉鸡个体生长发育规律的基础之上的。为了获取高产的母鸡群,应按照鸡体生长发育的不同时期分别采用不同的方式培育。在雏鸡阶段要促使其骨骼、肌肉及消化器官的健全生长,在育成前期要控制体重的快速增长和过多脂肪的积聚,在16周龄时生殖系统已开始发育,要促进性腺的发育和鸡体体重的增长。为此,在各时期应分别采用不同的蛋白质和能量饲料(雏鸡料、生长期料和种鸡料)和限饲(每日限喂及隔日限喂)等综合措施,增加运动,扩张骨架和内脏容积,以促进鸡体的平衡发展。由此而形成的"生长曲线",在不同的鸡种和不同的选育年代是不完全一样的(图4-1)。

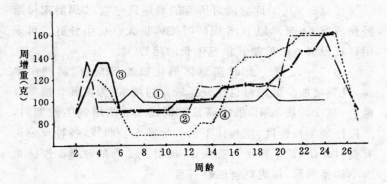

**图4-1　父母代母鸡各周龄增重控制曲线**

①"A·A"80年代饲喂指南　②"A·A"1994～1995年版饲喂指南　③"艾维茵"饲喂标准,《中国家禽》1998年第4期第18页　④引自《中国家禽》1997年第3期第34页

从图4-1曲线的波形上可以看到各鸡种的控制程度是不

一样的,当然,对产蛋性能可能有些影响,但尽管如此,为使后备肉用种鸡达到体重的最终控制目标,在育成阶段都必须按照其生长发育的状况分阶段进行调控,控制增重速率与整齐度,以保证其身体生长与性成熟达到同步发展。

1.体重的阶段控制目标 从育雏开始,首先要根据雏鸡初生重和强弱情况将鸡群分群饲养,促使雏鸡在早期尽量消除因种蛋大小、初生重的差异等对雏鸡体重整齐度所造成的影响。正确的开食方法参见肉用仔鸡章节有关部分。

(1)1～3周 此阶段要求鸡体充分生长,以促进骨骼生长和健壮的体质以及完善的消化机能,为限制饲喂、控制体重作准备。所以,此阶段采用雏鸡料,在1～2周内自由采食,当母雏每日耗料达27克时开始每日限饲,累计耗料达450克(约75克蛋白质)左右时应改用育成料。

(2)4～6周 此阶段对所有的鸡逐只称重,4周龄末母雏胫长应有64毫米以上,6周龄时按体重大、中、小分群。可采用每日限饲方法抑制其快速生长的趋势。

(3)7～12周 此时期鸡体消化机能健全,饲料利用率高,只要增加少量饲料也能获得较大的增重。为使其骨骼发育健全,减少脂肪沉积,采用隔日限饲或4/3法限饲生长期料,严格控制生长速度,使其体重沿着标准生长曲线(各种鸡公司有资料介绍)的下限上升直到15周龄。12周龄时再次按体重大小调整鸡群,促进鸡群的整齐度。

(4)16～23周 骨骼生长已基本完成,且具备了健壮的肌肉和内脏器官。16周龄时再次按体重大小调整鸡群,促进鸡群的整齐度。自16周龄起鸡的性腺开始发育,18周龄以后卵泡大量、快速生长,输卵管迅速变粗、变长,重量迅速增加,限饲方法可改为5/2法。自18周龄起可将育成料改为含蛋白质达 18%左右的预产料,以增加营养,满足该时期生长发育的需要。一般情况下,在 22 周龄或 23 周龄开始时更换成平衡的种鸡产蛋料。自 19~22 周龄可逐步用 6/1 法限饲,自 23 周龄后过渡到每日限饲,以保证鸡只在此期间达到每周增重 130~160 克,得以充分发育。只有获得了充分发育的鸡只才可能对光刺激做出最佳的反应。

(5)19 周龄　在开产前 4 周(23 周龄时产蛋率为 5%)第一次增加光照。在生产中,解决光照对种鸡性成熟影响最为有效的办法,是使用光控的密闭鸡舍或遮黑鸡舍。如在 4~18 周龄期间给予恒定光照 8 小时,光照强度采用 15 瓦灯泡,在 19 周龄后光照时间增长到 14 小时,灯泡换成 60 瓦,此时,光照强度的突然增加,光照时数也从 8 小时增至 14 小时。这种突然的光照刺激可促使种鸡产生积极的反应,使其生殖系统快速发育而达到成熟。此阶段要使开产母鸡在产蛋前具备良好的体质和生理状况,为适时开产和迅速达到产蛋高峰创造条件。所以,从 18 周龄起改生长期料为预产期饲料。如此时体重没有达标,则将于 23 周龄时才实施的每日限喂计划提前进行,在维持原有目标体重的饲料配给量的基础上再作适度增加,并将光照刺激延迟到 22~23 周龄。

(6)使体成熟与性成熟同步　一般根据 19 周、20 周的体重状况与推荐的标准生长曲线相对照比较,预测其产蛋达 5%的周龄时体重能否达到 2 400 克(罗斯种鸡)或 2 470~2 650 克(星波罗种鸡)。各公司均有达 5%产蛋率周龄时的标准体重,根据其达标情况,分别按标准饲喂量或增加饲喂量,或修正开产日龄进行调整,使之体成熟与性成熟达到同步发育(修正方法见本章第六部分有关内容)。一般体成熟的标志,其一是体重达标,其二是触摸其胸部已由原来的 V 型变为

U 型,性征的成熟表现为冠变红和耻骨张开达三指宽。

（7）24～40 周　罗斯公司在此期间的加料方法是,依据 20 周龄体重的整齐度决定产蛋高峰前增加饲料的时期和数量(表 4-8)。也有些公司认为,由于在产蛋初期的 3～4 周内,产蛋量及蛋重均快速增长,所以饲喂量的增加幅度较大,一般在每只 10 克上下,当接近产蛋高峰(30～31 周)时,每只鸡增加饲料量在 5 克左右。

**表 4-8　罗斯公司 23～40 周龄鸡的加料方法**

| 20 周龄体重变异系数 | 首次加料的时间及数量 | 达 35%产蛋率后 1 天起加料的数量 | 达 65%产蛋率后 1 天起的日粮量 |
| --- | --- | --- | --- |
| <8% | 达 5%产蛋率后 1 天增加饲料 15%～20% | 10% | 165 克（11.51 兆焦/千克） |
| 9%～12% | 达 10%产蛋率后 1 天增加饲料 15%～20% | 10% | 165 克 |
| >12% | 达 15%产蛋率后 1 天增加饲料 15%～20% | 10% | 165 克 |

有人认为,喂料量的增加应早于产蛋率的增长,当鸡群产蛋率达 30%～40%时就应该喂给高峰期的料量。如"A·A"父母代种鸡 27 周龄产蛋率达 38%时,此时的饲料量已采用产蛋高峰期的 160 克料量。

为发挥种母鸡的产蛋潜力和减少鸡体内脂肪沉积,如发现产蛋率的爬升不如所预期的百分率,或产蛋率已达高峰,为试探产蛋率有无潜力再爬升,一般采用试探性的增加饲喂量,即按每只鸡增加 5 克左右的饲料进行试探,到第四至六天观察产蛋率变化情况。若无增加,则将饲料量逐渐恢复到试探前的水平;若有上升趋势,则在此基础上再增加饲料进行试探。

(8)40～62 周 一般情况下,40 周龄以后日产蛋率大约每周下降 1%,这时母鸡所必需的体重增长已得到最大的满足,进一步的增重将造成不必要的脂肪沉积,最终导致产蛋量及受精率的迅速下降。为此,日饲料量可逐渐削减,大致是在40 周龄后,产蛋率每下降 1%,每只鸡减少饲料量 0.6 克,千万不能过快地大幅度减料,每只鸡每次减料量不能多于 2.3克。需要时,可从 45～50 周开始改用产蛋 II 期饲料。

以上时间区段的划分,各育种公司限饲资料中并不完全一致,但相对时间范围内的控制程度的规律基本相似。了解了这种基于肉鸡生长规律曲线而采用的控制手段,将使生产者在使用各育种公司提供的限喂顺序安排时可运用自如。

2.喂料控制开产日龄的方法 控制体重能明显地推迟性成熟,提高生产性能,而光照刺激却能提早开产,所以两者都可以控制鸡群的开产日龄。一般认为,冬春雏因育成后期光照渐增,体重要控制得严些,可以适当推迟开产日龄;夏秋雏在育成后期光照渐减,体重控制得要宽些,这样可以提早开产。

对 20 周龄时体重尚未达到标准的鸡群,应适当多加一些饲料促进生长,并推迟增加光照的日期,使产蛋率达 5%时,该周龄的体重达到 2 400 克以上(此体重应按各育种公司提供的 5%产蛋率周龄时的体重要求)。如果到 23 周龄时,体重已达 2 400 克,但仍未见蛋,这时应增加喂料量 3%～5%,并结合光照刺激促其开产。如果在 24 周仍然未见蛋或达不到5%产蛋率,则再增加喂料量 3%～5%。

# 三、肉用种鸡的光照管理

## （一）光照与鸡的生长发育

对肉用种鸡控制饲养的另一个重要手段是控制光照。利用光照可以调节种鸡性成熟的快慢，在产蛋期正确使用光照，可促进脑下垂体前叶的活动，加速卵泡生长和成熟，提高产蛋量。所以，采用人工控制光照或补充光照，严格执行各种光照制度是保证高产的重要技术措施。

光照从两个方面对鸡发生影响。一是"质"，也就是光照度。据观察，照度过强不仅对鸡的生长有抑制作用，而且会引发诸如啄肛、啄羽、啄趾等恶癖的出现；过低的照度将影响饲养管理操作。一般来说，鸡能在不到2.7勒的照度下找到食槽并吃食，但要达到刺激垂体和增加产蛋量则需要5～10勒。这样的照度是适宜的，可以防止生长期间恶癖的产生。在人工补光的情况下，补光的光照度不应小于自然光照度的1％。这是因为，鸡对"补充光照"的强度小于原有光照的强度的1％，则"补充光照"的这段时间仍会感觉处于黑暗状态。如果白天的光照度是3 000勒，那么，补光的强度应在自然光照度的1％以上，即30勒以上，否则鸡将不会感觉到光照而不能引发刺激作用。这也是不少开放式鸡舍因白天光照度过强，补充的光照度又没有超过白天光照度的1％，因而造成肉用种鸡开产推迟。弄清楚了这个道理，这类问题就可以迎刃而解了。一是可以在向阳面作适当的遮光，以减弱白天的光照度，二是补光的光照强度一定要达到能引起刺激的程度。种鸡各阶段所需的光照度见表4-9。

表 4-9　种鸡各阶段所需的光照度及相应的灯泡瓦数

| 周　　龄 | 光照度（勒） | 灯泡瓦数 |
|---|---|---|
| 1～3 | 20 | 40 |
| 4～19 | 5～8 | 15～25 |
| 20～66 | 30～50 | 60 |

　　二是"量"，也就是光照时间的长短及其变化。据研究，产蛋母鸡在1天中对光照刺激有一个"敏感时期"。该时期是在开始给光后（自然光照即为拂晓后）的11～16小时内出现。所以关键是每天光照的时间长度是否能延伸到所谓的"对光敏感的时间区"内。假如自然光照（白天）时间能伸展到这一"对光敏感的时间区"内，或能在这段时间内继续使用一段时间的人工补充光照，那么鸡的脑垂体分泌的激素就

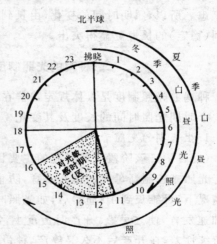

图 4-2　鸡的光照及其对光敏感时间区

会被激活，性发育就会出现。在北半球，夏至的白天时间最长，平均为15小时；冬至的白天时间最短，平均为9小时，如图4-2。由此可知，由于冬至的白天时间短，如果不给予人工补充光照，它的自然光照时间不能进入"对光敏感的时间区"内。所以，冬至期间处在育成后期转向产蛋期的后备种鸡，其开产日

龄(性成熟)必然推迟。激活鸡的脑下垂体分泌激素的最佳光照时间长度要求是11～12小时。一般称11～12小时的光照时间长度是育成期的临界值。所以在育成期的光照必须少于11～12小时。为充分发挥种鸡的产蛋性能，其连续照明时间以采用14～16小时为好。以人工补光的效果而论，早晚两头补光效果较好。需要注意的是，产蛋期间的补光，不能若明若暗，忽补忽停，更不能减少，时间的变换也应每周逐步延长20～40分钟，不能一下子就改变，否则会引发产蛋母鸡的脱肛疾患。所以，照明时间的变化(由长到短，由短到长)比照明时间(稳定)的长短更显得突出。

## (二)种鸡的光照制度

种鸡的光照制度是具体规定鸡群在其整个生命期间或在某一个时期光照时间的长度及其变化。

1. 生长期的光照管理

(1)目的　该阶段光照管理的主要目的是，用自然光照与人工光照来控制新母鸡的生长发育，防止母雏过早性成熟。一般情况下，母雏长到10周龄后，如光照时间较长，会刺激性器官加速发育，使之早熟，开产时蛋重小，常因体成熟不够而产蛋持续性差，在开产后不久又停产，种蛋合格率低。此阶段调节性成熟的光照因素主要是光照时间的长短及其变化。在生长期光照时间逐渐减少，或光照时间短于11小时，更有的恒定给予8小时光照，可使性成熟推迟。在此期间光照时间延长，或光照时间多于11小时，将刺激性成熟，使性成熟提早。

(2)光照的原则　在此期间光照时间宜短，中途不宜逐渐延长；光照强度宜弱，不可逐渐增强。

（3）通常采用的光照方法

①饲养在开放式鸡舍的鸡群：鸡群处在自然光照的条件下，由于季节性的变化，日照时间长短不同，要根据当地日照时间的长短来掌握。我国处在北半球，绝大多数地区位于北纬20°～45°之间，冬至（12月22日前后）日照时间最短，以后逐渐延长；到夏至（6月22日前后）日照时间最长，以后又逐渐缩短。在这种日照状况下，开放式鸡舍可采用以下的采光方法：

第一，完全利用自然光照。目前农户养鸡大多都是开放式鸡舍，历来又有养春雏的习惯，一般春夏季孵出的雏鸡（4～8月间），在其生长后期正处在日照逐渐缩短或日照较短的时期，在产蛋之前所需要的光照时间长短与当时的自然光照时间长短差不多，所以一般农户养鸡在此期间采用日光光照，不增加人工光照，既省事又省电。但是，控制性成熟和开产期，除了光照管理外，还应配合限制饲养。

第二，补充人工光照。秋冬雏（9月至翌年3月），生长后期正处在日照逐渐延长，或日照时间较长的时期。在此期间育雏，如完全利用自然光照，通常会刺激母雏性器官加速发育，使之早熟、早衰，为防止这种情况发生，可采用以下两种办法予以人工光照补足：一是恒定光照法，将自然光照逐渐延长的状况转变为稳定的较长光照时间。从孵化出壳之日算起，根据当地日出日没的时间，查出18周龄时的日照时数（如为11小时），除了1～3日龄为24小时光照外，从4日龄开始到18周龄均以此为标准，日照不足部分均用人工补充光照。补充光照应早晚并用。恒定光照时间11小时，即早上6:30开灯，到日出为止；下午从日落开始，到下午5:30关灯。采用此方法的，要注意在生长期中每日光照时数决不能减少，更不能增加。二是渐减光照法,首先算出鸡群在 18 周龄时最长的日照时间,再补充人工光照,使总的光照时间更长,再逐渐减少。如从孵化出壳之日算起,根据当地气象资料查出 18 周龄时的日照时数为 15 小时,再加上 4.5 个小时人工光照为其 4 日龄时总的光照时数(自然光照为 15 小时,再加 4.5 小时人工光照,总计光照时数为 19.5 个小时),除 1～3 日龄为 24 小时光照外,从第一周龄起,每周递减光照时间 15 分钟,直至 18 周龄时,正好减去 4.5 小时,为当时的自然光照时间——15 小时。

②饲养在密闭式鸡舍的鸡群:由于密闭式鸡舍完全采用人工光照,光照时间和强度可以人为控制,完全可按照规定的制度正确地执行。

一是采用恒定的光照方法,即 1～3 日龄光照 24 小时,4～7 日龄为 14 小时,8～14 日龄为 10 小时,自 15 日龄起到 18 周龄光照时间恒定为 8 小时。

二是采用渐减的光照方法,即 1～3 日龄光照 24 小时,4～7 日龄为 14 小时,从 2 周龄开始每周递减 20 分钟,直到 18 周龄时光照时间为 8 小时 20 分钟。

③不同光照方法对性成熟的影响:试验表明,在生长期间,同一品种在相同的饲养管理条件下,仅由于光照方法的不同,就会影响其性成熟程度。

渐减法比恒定法更能延缓性成熟期,约可推迟 10 天左右,其他各种经济指标都好于恒定法。渐减法的最少光照时间以不少于 6 小时为限。

恒定法的照明时间越长,性成熟越早,通常以 8 小时为宜。

对推迟性成熟的程度依次为:渐减法大于恒定法(光照时间短的大于光照时间长的),而恒定法大于自然光照。

## 2. 产蛋期的光照管理

（1）目的　此阶段光照管理的主要目的是给以适当的光照，使母鸡适时开产和充分发挥产蛋潜力。

（2）光照的原则　产蛋期间的光照时间宜长，可逐渐延长，一般以14～16小时为限，中途切不可缩短。光照强度在一定时期内可渐强，但不可渐弱。

（3）生长-产蛋期的联合光照程序　实践证明，在生长期光照合理，产蛋期光照渐增或不变，光照时间不少于14～15小时的鸡群，其产蛋效果较好。从生长期的光照控制转向产蛋期的光照，应注意以下两个方面：第一，改变光照方式的周龄。鸡到性成熟时，为适应产蛋的需要，光照的长度必须适当增加。有人认为，如估计母鸡在23周龄时产蛋率为5%，那么应该在母鸡开产前4周，即应以23周减4周，在19周龄时作第一次较大幅度的增加光照。产蛋期的光照时间必须在产蛋光照临界值11～12小时以上，最低应达到13小时。其趋势是从增加光照时间以后，应逐渐达到正常产蛋的光照时间14～16小时后恒定。光照最长的时间（如16小时）应在产蛋高峰（一般在30～32周龄）前1周达到为好。第二，产蛋期光照方式的转变。必须从生长期的光照方式正确地转变成产蛋期的光照方式，这样才能达到稳产、高产的目的。

利用自然光照的鸡群，在产蛋期都需要人工光照来补充日照时间的不足。但从生长期光照时间向产蛋期光照时间转变时，要根据当地情况逐步过渡。春夏雏的生长后期处于自然光照较短时期，可逐周递增，补加人工光照0.5～1小时，至产蛋高峰周龄前1周达16小时为好。对于生长期恒定光照在14～15小时的鸡群，到产蛋期时可恒定在此水平上不动，也可少量渐增到16小时光照为止。在生长期采用渐减光照法和恒定光照时间短（如 8 小时）的鸡群,在产蛋期应用渐增光照法,使母鸡对光照刺激有一个逐渐适应的过程,这对种鸡的健康和产蛋都是有利的。递增的光照时间可以这样计算:从渐增光照开始周龄起到产蛋高峰前 1 周为止的周龄数,除以递增到 14～16 小时的光照时间递增总时数,其商数即为在此期间每周递增的光照时间数。

至于生长期饲养在密闭鸡舍的鸡群,可计算从生长后期改变光照时的周龄到产蛋高峰周龄前 1 周的周龄数除以改变光照时的起始光照小时到 14～16 小时的增加光照时数,其商数即为此期间每周递增的光照时数。如到 18 周龄时光照时数为 8 小时,到达产蛋高峰前 1 周的周龄为 29 周,此时的光照时数要求达 16 小时,其间周龄数为 11 周,所增加的光照时数为:16－8＝8 小时,每周递增 40～45 分钟(8×60/11),可在 29 周龄时达到光照 16 小时的目标。

### (三)肉用种鸡光照程序举例

在鸡的饲养管理上,光照管理已是一个不可缺少的重要组成部分。若程序和管理失误,对鸡产蛋期的生产性能和种用价值都有较大的影响,甚至会导致经济亏损。在实际养鸡时,由于鸡的品种不同、育成期所处的季节不同以及饲养方式的不同,在供种单位没有具体的光照程序时,应灵活运用各种人工光照方法来调节鸡的性成熟日龄,但不管采用哪种方式,都必须遵循以下光照原则:第一,育成期间或至少在其后期,每天总的光照长度决不可延长,如 3 月份出雏的鸡,在育成期前半期内每天日照时间为逐日增加,但在后半期则逐日减少,所以它也可以全靠自然光照育成;第二,在产蛋期每天总的光照长度决不可缩短。

在制定光照程序时必须通过当地的气象部门了解全年日出日落的时间。北纬 35°～60°之间全年日照时数见表 4-10。

表 4-10　北纬 35°～60°日照时数　　（时·分）

| 周数 | 日 期 | 60°～55° | 55°～50° | 50°～45° | 45°～40° | 40°～35° |
|------|-------|----------|----------|----------|----------|----------|
| 1 | 1 月 4 日 | 6.40 | 8.00 | 8.30 | 9.10 | 9.40 |
| 2 | 1 月 11 日 | 6.50 | 8.10 | 8.40 | 9.20 | 9.40 |
| 3 | 1 月 18 日 | 7.20 | 8.20 | 8.50 | 9.30 | 10.00 |
| 4 | 1 月 25 日 | 7.50 | 8.40 | 9.10 | 9.40 | 10.10 |
| 5 | 2 月 1 日 | 8.20 | 9.00 | 9.30 | 10.00 | 10.20 |
| 6 | 2 月 8 日 | 9.00 | 9.30 | 10.00 | 10.10 | 10.30 |
| 7 | 2 月 15 日 | 9.20 | 10.00 | 10.20 | 10.30 | 10.40 |
| 8 | 2 月 22 日 | 9.50 | 10.20 | 10.40 | 10.50 | 11.00 |
| 9 | 3 月 1 日 | 10.40 | 10.50 | 11.00 | 11.10 | 11.20 |
| 10 | 3 月 8 日 | 11.20 | 11.20 | 11.30 | 11.30 | 11.40 |
| 11 | 3 月 15 日 | 12.00 | 11.50 | 11.50 | 11.50 | 12.00 |
| 12 | 3 月 22 日 | 12.20 | 12.20 | 12.10 | 12.10 | 12.10 |
| 13 | 3 月 29 日 | 13.00 | 12.40 | 12.40 | 12.30 | 12.30 |
| 14 | 4 月 5 日 | 13.50 | 13.10 | 13.00 | 12.50 | 12.50 |
| 15 | 4 月 12 日 | 14.10 | 13.40 | 13.20 | 13.20 | 13.00 |
| 16 | 4 月 19 日 | 14.50 | 14.20 | 13.40 | 13.30 | 13.20 |
| 17 | 4 月 26 日 | 15.10 | 14.30 | 14.00 | 13.50 | 13.50 |
| 18 | 5 月 3 日 | 15.40 | 15.00 | 14.30 | 14.20 | 13.50 |
| 19 | 5 月 10 日 | 16.20 | 15.20 | 14.50 | 14.20 | 14.00 |
| 20 | 5 月 17 日 | 16.30 | 15.50 | 15.10 | 14.40 | 14.00 |
| 21 | 5 月 24 日 | 17.20 | 16.10 | 15.30 | 15.00 | 14.20 |

| 周数 | 日 期 | 60°～55° | 55°～50° | 50°～45° | 45°～40° | 40°～35° |
|------|-------|---------|---------|---------|---------|---------|
| 22 | 5 月 31 日 | 17.40 | 16.20 | 15.30 | 15.10 | 14.30 |
| 23 | 6 月 7 日 | 18.00 | 16.30 | 15.40 | 15.10 | 14.40 |
| 24 | 6 月 14 日 | 18.10 | 16.40 | 15.40 | 15.20 | 14.40 |
| 25 | 6 月 21 日 | 18.10 | 16.40 | 15.50 | 15.20 | 14.40 |
| 26 | 6 月 28 日 | 18.10 | 16.40 | 16.00 | 15.20 | 14.40 |
| 27 | 7 月 5 日 | 18.00 | 16.30 | 15.50 | 15.10 | 14.40 |
| 28 | 7 月 12 日 | 17.40 | 16.20 | 15.50 | 15.10 | 14.40 |
| 29 | 7 月 19 日 | 16.50 | 16.10 | 15.30 | 15.10 | 14.30 |
| 30 | 7 月 26 日 | 16.20 | 15.50 | 15.20 | 14.40 | 14.20 |
| 31 | 8 月 2 日 | 16.20 | 15.30 | 14.50 | 14.30 | 14.10 |
| 32 | 8 月 9 日 | 15.50 | 15.00 | 14.50 | 14.10 | 13.50 |
| 33 | 8 月 16 日 | 15.20 | 14.30 | 14.10 | 13.50 | 13.40 |
| 34 | 8 月 23 日 | 14.50 | 14.00 | 13.50 | 13.30 | 13.20 |
| 35 | 8 月 30 日 | 14.40 | 13.40 | 13.30 | 13.20 | 13.10 |
| 36 | 9 月 6 日 | 13.40 | 13.20 | 13.10 | 13.00 | 12.30 |
| 37 | 9 月 13 日 | 13.00 | 12.50 | 12.40 | 12.40 | 12.30 |
| 38 | 9 月 20 日 | 12.20 | 12.30 | 12.10 | 12.10 | 12.10 |
| 39 | 9 月 27 日 | 11.30 | 12.00 | 11.50 | 11.50 | 12.00 |
| 40 | 10 月 4 日 | 11.10 | 11.20 | 11.30 | 11.30 | 11.40 |
| 41 | 10 月 11 日 | 10.40 | 10.50 | 11.00 | 11.20 | 11.20 |
| 42 | 10 月 18 日 | 10.10 | 10.30 | 10.40 | 11.00 | 11.10 |
| 43 | 10 月 25 日 | 9.30 | 10.00 | 10.20 | 10.40 | 11.00 |
| 44 | 11 月 1 日 | 9.00 | 9.40 | 10.00 | 10.20 | 10.40 |

| 周数 | 日 期 | 60°～55° | 55°～50° | 50°～45° | 45°～40° | 40°～35° |
|------|-------|---------|---------|---------|---------|---------|
| 45 | 11 月 8 日 | 8.20 | 9.10 | 9.40 | 10.00 | 10.20 |
| 46 | 11 月 15 日 | 7.50 | 8.50 | 9.20 | 9.40 | 10.10 |
| 47 | 11 月 22 日 | 7.30 | 8.30 | 9.00 | 9.30 | 10.00 |
| 48 | 11 月 29 日 | 7.00 | 8.10 | 8.40 | 9.20 | 9.50 |
| 49 | 12 月 6 日 | 6.50 | 8.00 | 8.30 | 9.10 | 9.40 |
| 50 | 12 月 13 日 | 6.30 | 7.50 | 8.30 | 9.10 | 9.40 |
| 51 | 12 月 20 日 | 6.30 | 7.40 | 8.20 | 9.00 | 9.40 |
| 52 | 12 月 27 日 | 6.30 | 7.50 | 8.20 | 9.00 | 9.40 |

　　在了解本地区全年光照变化的基础上,可在坐标纸上绘制出全年日照变化曲线,参见图 4-3。图中育成后期的光照时数是取 7～18 周龄间最长的日照时数为依据,或以此时数为恒定光照(图中 A),或从此时数开始利用日照逐渐缩减的趋势到达 18 周龄(图中 B,C),从 9 周龄开始转入光照时数增加阶段,启动性腺趋向成熟。在 28～29 周龄时又将光照时数推向其顶峰 16～17 小时。在其生长前期(1～7 周间)光照时数从 1 日龄的 24～23 小时降到 7 周龄时所取的光照时数(图中 A,B 为 15 小时,C 为 12.5 小时)。

　　一般情况下,供种单位都附有种鸡的光照程序。

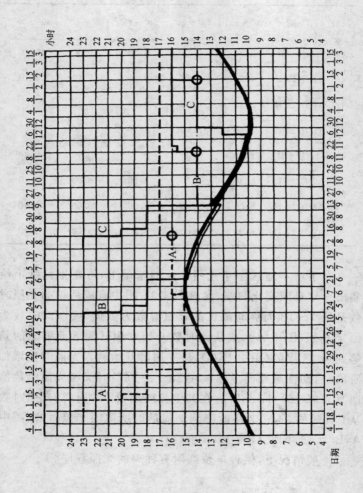

**图 4-3 生长期光照方案**

## 1. 开放式鸡舍的光照程序

(1)A·A 鸡父母代肉用种鸡光照程序　见表 4-11,4-12。以江苏省 3 月份出生的雏鸡为例,江苏地处北纬 30°～35°之间,查找表 4-11 第一栏的 3 月,然后从横向查阅可知在最初 17 周龄内可以利用自然光照,从 18～22 周龄每天的光照时数由 15 小时增加到 16 小时,由于光照时数逐步上升,可作如下安排。

| 周　　龄 | 18 | 19 | 20 | 21 | 22 |
|---|---|---|---|---|---|
| 光照时数(时.分) | 15.00 | 15.15 | 15.30 | 15.45 | 16 |

如以总光照时数为 15 小时,则可以从早上 4 时半开灯,到日出后关灯;到下午日落时又开灯直到晚上 7 时半关灯。从 22 周龄开始,总光照时数为 16 小时,即可从早上 4 时开灯到日出为止;从下午日落时开灯到晚上 8 点关灯。此光照时数在产蛋期间一直保持到产蛋期结束。

表 4-11　北纬 30°～39°每天所需的总光照时数
（自然光照和人工光照）

| 出生月份 | 周 | | | | | 龄 | | | | |
|---|---|---|---|---|---|---|---|---|---|---|
| | 1～13 | 14 | 16 | 18 | 20 | 22 | 24 | 26 | 28 | 30～68 |
| 1 | 使用自然光照至 22 周龄 | | | | | 16 小时 | | | | |
| 2 | 使用自然光照至 18 周龄 | | | 16 小时 | | | | | | |
| 3 | | | | 15 小时 | → | 16 小时 | | | | |
| 4 | | | | 15 小时 | → | 16 小时 | | | | |

続表 4-11

| 出生月份 | 周 | | | | | 齡 | | | | |
|---|---|---|---|---|---|---|---|---|---|---|
| | 1~13 | 14 | 16 | 18 | 20 | 22 | 24 | 26 | 28 | 30~68 |
| 5 | | | 14 小时 | 15 小时 | → | 16 小时 | | | | |
| 6 | | | 14 小时 | 15 小时 | → | 16 小时 | | | | |
| 7 | | 12 小时 | → | 13 小时 | → | 15 小时 | 16 小时 | | | |
| 8 | | 12 小时 | → | 13 小时 | → | 15 小时 | 16 小时 | | | |
| 9 | | 12 小时 | → | 13 小时 | → | 15 小时 | 16 小时 | | | |
| 10 | 使用自然光照至 30 周龄 | | | | | | | | | 16 小时 |
| 11 | 使用自然光照至 28 周龄 | | | | | | | | 16 小时 | |
| 12 | 使用自然光照至 26 周龄 | | | | | | | 16 小时 | 16 小时 | |

### 表 4-12　北纬 40°~45°每天所需的总光照时数
### （自然光照和人工光照）

| 出生月份 | 周 | | | | | 齡 | | | | |
|---|---|---|---|---|---|---|---|---|---|---|
| | 1~13 | 14 | 16 | 18 | 20 | 22 | 24 | 26 | 28 | 30~68 |
| 1 | 使用自然光照至 22 周龄 | | | | | 17 小时 | | | | |
| 2 | 使用自然光照 至 18 周龄 | | | 17 小时 | | | | | | |
| 3 | | | 15 小时 | 16 小时 | → | 17 小时 | | | | |
| 4 | | | 15 小时 | 16 小时 | → | 17 小时 | | | | |

| 出生月份 | 周 | | | | | 龄 | | | | |
|---|---|---|---|---|---|---|---|---|---|---|
| | 1～13 | 14 | 16 | 18 | 20 | 22 | 24 | 26 | 28 | 30～68 |
| 5 | | 15 小时 | 16 小时 | | → | 17 小时 | | | | |
| 6 | | 13 小时 | → | 14 小时 | 15 小时 | → | 16 小时 | 17 小时 | | |
| 7 | | 12 小时 | → | 13 小时 | 14 小时 | 15 小时 | → | 17 小时 | | |
| 8 | | 12 小时 | → | 13 小时 | 14 小时 | 15 小时 | → | 17 小时 | | |
| 9 | | 12 小时 | → | 13 小时 | 14 小时 | 15 小时 | → | 17 小时 | | |
| 10 | | | 12 小时 | 13 小时 | 14 小时 | 15 小时 | 16 小时 | | → | 17 小时 |
| 11 | 使用自然光照至 30 周龄 | | | | | | | | | 17 小时 |
| 12 | 使用自然光照至 26 周龄 | | | | | | | 17 小时 | | |

（2）彼德逊父母代肉用种鸡光照程序 除 1～2 天是 24 小时光照外,其他时间按表 4-13 进行。此光照制度适用于北

表 4-13 彼德逊肉用种鸡推荐的光照制度

| 出雏月份 | 总的光照时数（人工光照＋自然光照） | | | | | | |
|---|---|---|---|---|---|---|---|
| | 1～14 周 | 15 周 | 18 周 | 20 周 | 22 周 | 24 周 | 26～64 周 |
| 1 | 自然光照 | 自然光照 | 自然光照 | 15 | 16 | 16 | 17 |
| 2 | 自然光照 | 自然光照 | 自然光照 | 15 | 16 | 16 | 17 |
| 3 | 自然光照 | 自然光照 | 15 | 15.5 | 16 | 16 | 17 |
| 4 | 自然光照 | 自然光照 | 15 | 15.5 | 16 | 16 | 17 |
| 5 | 自然光照 | 14 | 14.5 | 15 | 16 | 16 | 17 |
| 6 | 自然光照 | 14 | 14.5 | 15 | 16 | 16 | 17 |
| 7 | 自然光照 | 13 | 13.5 | 14 | 15 | 15 | 16 |
| 8 | 自然光照 | 13 | 13.5 | 14 | 15 | 15 | 16 |
| 9 | 自然光照 | 13 | 13.5 | 14 | 15 | 15 | 16 |
| 10 | 自然光照 | 自然光照 | 自然光照 | 自然光照 | 15 | 15 | 16 |
| 11 | 自然光照 | 自然光照 | 自然光照 | 自然光照 | 15 | 15 | 16 |
| 12 | 自然光照 | 自然光照 | 自然光照 | 自然光照 | 15 | 15 | 16 |

半球。因为从 12 月 22 日至翌年 6 月 21 日自然光照长度稳定地增加,从 6 月 22 日至 12 月 21 日自然日照长度减少。以北半球 5 月份孵出的鸡为例,它可在自然日照下饲养到 14 周龄,从 15 周龄开始总的光照时间应为 14 小时,以后的光照时数按表中所列的时数逐步递增,分别在 18,20,22,24 及 26 周龄时光照时数达到 14.5,15,16,16 及 17 小时。

（3）海布罗父母代肉鸡的光照程序　该光照程序的编排与以上两个不完全一样,这仅是在北纬 34°～40° 之间,而且是于 5 月 10 日出壳的雏鸡,其光照程序安排见表 4-14。

表 4-14　海布罗父母代肉鸡光照程序

| 鸡龄(周) | 光照时间(时) | 自然光照(时.分) | 人工光照(时.分) |
| --- | --- | --- | --- |
| 1 | 23 | 14.00 | 9.00 |
| 2 | 23 | 14.20 | 8.40 |
| 3 | 20 | 14.30 | 5.30 |
| 4～6 | 18 | 14.40 | 3.20 |
| 7 | 18 | 14.40 | 3.20 |
| 8～19 | 自然日照光 | 14.40～12.30 | — |
| 20 | 14 | 12.10 | 1.50 |
| 21 | 14 | 12.00 | 2.00 |
| 22 | 14 | 11.40 | 2.20 |
| 23 | 14 | 11.20 | 2.40 |
| 24 | 14 | 11.10 | 2.50 |
| 25 | 14 | 11.00 | 3.00 |
| 26 | 14 | 10.40 | 3.20 |
| 27 | 14 | 10.20 | 3.40 |
| 28 | 14 | 10.10 | 3.50 |
| 29 | 15.5 | 10.00 | 5.30 |
| 30 | 15.5 | 9.50 | 5.40 |
| 31 | 15.5 | 9.40 | 5.50 |
| 32～36 | 16 | 9.40 | 6.20 |
| 37 | 16 | 10.00 | 6.00 |
| 38 | 16 | 10.10 | 5.50 |
| 39 | 16 | 10.20 | 5.40 |
| 40 | 16 | 10.30 | 5.30 |
| 41 | 16 | 10.40 | 5.20 |
| 42 | 16 | 11.00 | 5.00 |

注:鸡群 5 月 10 日出壳。地区:北纬 35°～40°

2.密闭式鸡舍的光照程序　密闭式鸡舍内的唯一光源是人工光照,所以可以随意控制每天的光照长度,虽然在育成期的光照阈值是 11～12 小时,但从有效控制性成熟而言,实际控制光照时间以 6～8 小时为好。

(1)罗斯-208 肉用种鸡的光照程序  见表 4-15。此控制方案至 27 周龄时光照时间为 15 小时,若产蛋量令人满意则光照刺激不必再作延长。若产蛋量的增加尚不能满意,可在此基础上,以每次增加半小时为限,增加两次就足够了,若光照超过 17 小时并无益处。

表 4-15  密闭鸡舍下罗斯-208 肉种鸡光照程序

| 周　龄 | 日　龄 | 光照长度(小时) |
|---|---|---|
| 一 | 1 | 23 |
| 一 | 3 | 19 |
| 一 | 4 | 16 |
| 一 | 5 | 14 |
| 一 | 6 | 12 |
| 一 | 7 | 11 |
|  | 8 | 10 |
|  | 9 | 9 |
|  | 10～132 | 8 |
| 19 | 133 | 11 |
| 20 | 140 | 11 |
| 21 | 147 | 12 |
| 22 | 154 | 12 |
| 23 | 161 | 13 |
| 24 | 168 | 13 |
| 25 | 175 | 14 |
| 26 | 182 | 14 |
| 27 | 189 | 15 |

（2）艾维茵肉用种鸡光照方案　见表 4-16。它采用的是短日照恒定-渐增法，在第一周龄采用 16～23 小时光照，从 2 周龄开始至性成熟为止恒定光照 8 小时，其后再逐渐增加光照时间，至 27 周龄时达 16 小时并保持到产蛋期末。

表 4-16　艾维茵肉种鸡无窗鸡舍光照方案　（恒定-渐增法）

| 周（日）龄 | 光 照 强 度 | | 光 照 时 间 |
| | 瓦/米² | 勒 | （时） |
|---|---|---|---|
| 1～2 日龄 | 3 | 30 | 23 |
| 3～7 日龄 | 3 | 30 | 16 |
| 2～18 周龄 | 2 | 20 | 8 |
| 19～20 周龄 | 2 | 20 | 9 |
| 21 周龄 | 2 | 20 | 10 |
| 22～23 周龄 | 3 | 30 | 13 |
| 24 周龄 | 3 | 30 | 14 |
| 25～26 周龄 | 3 | 30 | 15 |
| 27～65 周龄 | 3 | 30 | 16 |

注：148 日龄这一天增加 3 小时的光照刺激

（3）罗曼父母代肉用种鸡的光照程序　见表 4-17。它采用的是渐减渐增的光照程序，在最初两天内用 24 小时光照，自 3 日龄开始降为 16 小时光照，而且逐周递减光照时数，直至 18 周龄时每天光照时间为 5 小时。之后自 19 周龄开始增加光照刺激至 8 小时后，逐周递增至 27 周龄时，保持光照时间 15 小时至 37 周龄，以后再根据情况适当增加 1～2 小时，直至产蛋期结束。

表 4-17　罗曼父母代肉用种鸡在密闭鸡舍的光照程序

| 鸡　　龄 | 光照时间(时) | 鸡　　龄 | 光照时间(时) |
|---|---|---|---|
| 1～2 日龄 | 24 | 19 周龄 | 8 |
| 1 周龄 | 16 | 20～22 周龄 | 11 |
| 2 周龄 | 12 | 23～24 周龄 | 12 |
| 3 周龄 | 9 | 25 周龄 | 13 |
| 4 周龄 | 7 | 26 周龄 | 14 |
| 5～17 周龄 | 5 | 27～37 周龄 | 15 |
| 18 周龄 | 5 | 38 周龄起 | 保持 16 或最大 17 |

## (四)光照管理的注意事项

第一,光照管理制度应从雏鸡开始,最迟也应在 7 周龄开始,不得半途而废,否则,达不到预期的效果。

第二,产蛋期间增加光照时间应逐渐进行,在开始时每天增加最多不能超过 1 小时,以免突然增加长光照而导致脱肛。

第三,补充光照的电源要可靠,要有停电时的应急措施,否则,由于停电而造成光照时间忽长忽短,使鸡体生理机能受到干扰而最终导致减产。

第四,由于高压钠灯和日光灯的发光强度久用后会减弱,而且荧光灯只有在 21～27℃ 时正常发光,室温下降时发光效率会降低。为保持鸡舍内的光照强度稳定,最好使用白炽灯,使用灯泡的瓦数不宜大于 60 瓦,因为大了照度不均匀,可用几个小灯泡来满足光照强度的需要。每周都应揩抹灯泡及灯罩上的灰尘,保持清洁明亮,随时更换坏灯泡。据测试,脏灯泡的光照强度降低 1/3～1/2。

度进行切割，也可用剪刀按要求剪后再用烙铁烫平其喙部，烙烫可起到止血的作用。

为防止断喙时误伤舌头，可将脖子拉长，舌头就会往里缩。断喙后 2～3 天内，为防止啄食时喙与饲料槽底部碰撞而出血，一般要多加料和水，停止限喂和接种各种疫苗。为加速止血，可在饲料及水中添加维生素 K。

### （三）管理措施的变换要逐步平稳过渡

从育雏、育成到产蛋的整个过程中，由于生理变化和培育目标的不同，在饲养管理等技术措施上必然有许多变化，如育雏后期的降温，不同阶段所用饲料配方的变更，饲养方式的改变，抽样称重，整顿鸡群以及光照措施的变换，一般来说都要求有一个平稳而逐步变换的过程，避免因突然改变而引起新陈代谢紊乱或处于极度应激状态，造成有些鸡光吃不长、产蛋量下降等严重的经济损失。例如，在变更饲料配方时，不要一次全换，可以在 2～3 天内新旧料逐步替换。在调整鸡群时，宜在夜间光照强度较弱时进行，捕捉时要轻抱轻放，切勿只抓其单翅膀或单腿，否则有可能因鸡扑打而致残。公鸡放入母鸡群配种或更换新公鸡亦应在夜间放入鸡群的各个方位，避免公鸡斗殴。一般在鸡群有较大变动时，为避免骚动，减少应激因素的影响，可在实施方案前 2～3 天开始在饮水中添加维生素 C 等。

### （四）认真记录与比较

为及时发现和解决问题，每天都应有观察记录。这是日常管理中非常重要的一项工作。

生长期需观察记录的有进雏日期、入舍鸡数、每天及每周每鸡累计的饲料消耗量等。如记录每天鸡群采食完饲料的时间,观察该时间的变化来验证供料量的多或少,并加以调整。如鸡群死亡、淘汰只数及解剖结果,体重、整齐度及分群情况等。

产蛋期需观察记录的有转群、配种群鸡数,每天、每周的产蛋量、产蛋率,日、周的饲料消耗,每批蛋的孵化情况,死亡率及解剖结果等。

应认真对照该鸡种的各项性能指标,进行比较,找出问题,并采取措施及时修正。

其他如注射疫苗日期、剂量、批号,用药及其剂量情况也应记录,以利于对疾病的确诊与治疗。光照制度的执行情况等也应详细记录。

### (五)注意观察鸡群动态

通过对鸡群动态的观察可以了解鸡群的健康状况。平养和散养的鸡群可以抓住早晨放鸡、饲喂以及晚间收鸡这三个时间观察。如清晨放鸡以及饲喂时,健康鸡争先恐后,争夺食料,跳跃,打鸣,呼扇翅膀;病、弱鸡耷拉脖子,步履蹒跚,呆立一旁,紧闭双眼,羽毛松乱,尾羽下垂,无食欲。病鸡经治疗虽可以恢复,但往往也要停产很长一段时间,所以病鸡宜尽早淘汰。

检查粪便的形态是否正常。正常粪便呈灰绿色,表面覆有一层白霜状的尿酸盐沉淀物,且有一定硬度。粪便过稀,颜色异常,往往是发病的早期征候,如患球虫病时带有暗黑或鲜红色;患白痢病时排出白色糊状或石灰浆状稀粪,且肛门附近污秽、沾有粪便;患新城疫病鸡的粪便为黄白色或黄绿色的恶臭稀粪。总之,发现异常粪便要及时查明原因,对症处理。

晚间关灯时可以仔细听鸡的呼吸声,如有打喷嚏声、打呼噜的喉音等响声,表明患有呼吸道病,应隔离出来及时治疗,以免波及全群。

检查鸡舍内各种用具的完好程度与使用效果。如饮水器内有无水,其出口处有无杂物堵塞;对利用走道边建造的水泥食槽,如其上方有调节吃料间隙大小横杆的,要随鸡体长大而扩大,检查此位置是否适当;灯泡上的灰尘抹掉了没有,以及通风换气状况如何等等。

### (六)严格执行防疫卫生制度

按免疫程序接种疫苗。严格入场、入舍制度,定期消毒。保持鸡舍内外的环境清洁卫生,经常洗刷水槽、食槽。保证饲料不变质。

### (七)根据季节的变换进行管理

1. 冬季　冬季气温低,日照时间短,应加强防寒保暖工作。如鸡舍加门帘,北面窗户用纸糊缝或临时用砖堵死封严,或外加一层塑料薄膜,或覆加厚草帘保温。

有运动场的鸡舍冬季要推迟放鸡时间,在鸡群喂饱后再逐渐打开窗户,待舍内外温度接近时再放鸡。大风降温天气不要放鸡。

禁止饮用冰水或任鸡啄食冰雪。有条件的鸡场可用温水拌料,让鸡饮温水。

冬季鸡体散热量加大,在饲粮中可增加玉米的数量,使之从饲料中获得更多的能量来维持正常代谢的消耗。

冬季应按光照程序补足所需光照时数。

2. 春季　春季气温逐渐转暖,日照逐渐增长,是一年中产蛋率最高的季节。要加强饲养管理,保持产蛋箱中垫料的清洁,勤捡蛋,减少破蛋和脏蛋。

早春气候多变,应注意预防鸡感冒。春季气温渐高,各种病原微生物容易滋生繁殖,在天气转暖之前应进行1次彻底的清扫和消毒。加强对鸡新城疫等传染病的监测,或接种预防。

3.夏季　夏季日照时间增长,气温上升,管理的重点是防暑降温,促进食欲。可采用运动场搭凉棚,鸡舍周围种植草皮减少地面裸露等方法以减少鸡舍受到的辐射热和反射热。及时排出污水、积水,避免雨后高温加高湿状况的出现。

早放鸡、晚关鸡,加强舍内通风,供给清凉饮水。

夏季气温高,鸡的采食量减少,可将喂料时间改在早晚较凉爽时,少喂勤添。同时要调整日粮,增加蛋白质成分,减少能量饲料(如玉米等)。

4.秋季　秋季日照时间逐渐缩短,需按光照程序补充光照。昼夜温差大,应注意调节,防止由此给鸡群带来不必要的损失。

在调整鸡群及新母鸡开产前,可实施免疫接种或驱虫等卫生防疫措施。做好入冬前鸡舍的防寒准备工作。

### (八)关于种鸡产蛋时期喂料时间的探讨

有的专家在对种鸡的采食行为的观察中发现,上午找巢穴产蛋的鸡数比例多,上午产蛋的数量约占全天产蛋数的72%～75%,下午走动觅食的鸡增多。一般鸡群有两个采食高峰,一是黎明时,约摄取食量的1/3,二是黄昏时,约摄取食量的2/3,因而认为,若上午喂料,实质上是强令鸡群采食,而与产蛋行为相悖。

其次,从鸡的产蛋行为来看,产蛋最小间隔是 24～26 小时,在产蛋后 15～75 分钟再发生排卵,在输卵管中开始下一个蛋的形成过程,所以蛋的形成过程主要在下午和晚上,如果在下午 2～3 时后喂料,一般于摄食后 2～6 小时是进入消化、吸收的旺盛阶段,此时的营养吸收与蛋的形成在时间上也基本吻合。

三是减少了鸡体的应激损失。若在下午 2～3 时以后喂料,大部分母鸡已产完蛋,耗去相当体力,此时喂料,鸡群的食欲旺盛,能均匀专注地觅食。寒冷季节,下午喂料后经过消化吸收,在晚间及凌晨所释放的代谢热能要比在上午喂料释放的代谢热能多,这有利于御寒。在炎热天气,下午喂料比上午喂料可下降死淘率 1%。根据测试,高峰期产蛋率提高 3 个百分点,破蛋率下降了 0.8 个百分点。这是一个有益的尝试。

# 五、肉用种公鸡的管理

孵化率的高低在很大程度上取决于种公鸡的授精能力,所以种公鸡饲养管理的好坏,对种母鸡饲养效益的实现及对其后代生产性能的影响是极大的。

为了培育生长发育良好,胫长在 140 毫米以上的具有强壮的体格,适宜的体重,活泼的气质,性成熟适时,性行为强且精液质量好,授精能力强且利用期长的种公鸡,必须根据公鸡的生长、生理和行为特点,做好有关的管理和选择工作。

## (一)育成的方式与条件

以改善种鸡受精率为目标的公鸡饲养方法,大多以公母分开育雏、育成,混群后公母分开饲喂,并供给不同的专用饲料,尽量减少公鸡腿脚部疾患。这是必要的管理方法。一般认为,肉用种公鸡在育成期间无论采用哪种育成方式都必须保证有适当的运动空间,但大多数都推荐全垫料地面平养或者是1/3垫料与2/3栅条结合饲养的方式。同时,它的饲养密度要比同龄母鸡少30%～40%。

## (二)种公鸡的体重控制与限饲

过肥过大的公鸡会导致动作迟钝,不愿运动,追逐能力差;过肥的公鸡往往影响精子的生成和授精能力,由于腿脚部负担加重,容易发生腿脚部的疾患,尤其到40周龄后更趋严重,以至缩短了种用时间。所以普遍认为,种公鸡至少从6周龄左右开始直至淘汰都必须进行严格的限制饲养,应按各有关公司提供的标准体重要求控制其生长发育。

1.6周龄以前　此期应任其生长潜力得以充分发挥,以形成坚固的骨骼、修长的腿和胫、韧带、肌腱等运动器官,以支撑将来的体重,为种公鸡的发育打下坚实的基础。在此期间使用的饲料应为含蛋白质18%以上的育雏饲料,至少应在前4周龄应用,当公雏累计每只吃进1 000克雏料(约180克蛋白质)后可改用育成料,其中前3周龄应任其自由采食,不要限料或空槽。若3周龄末体重达标,可采用与母雏相同的限饲程序限喂,维持每周体重稳定持续增长,若跟不上体重标准则推迟限喂,延长光照时间等促使其尽量发展,使其胸肌丰满,龙骨与地面平行,长相与商品肉鸡无异,6周龄末体重必须达900克以上,胫骨长度在8周龄时至少要在100毫米以上。断喙时间与母雏相同。6周龄末可进行第一次选种,选择符合品种特征的、体重大的、腿脚强健、脚趾正常、结构匀称、关节正常、雄性特征明显、鸡背长而直的,淘汰那些鉴别上有误差、体重过轻、病残和畸形的公鸡。由于8周龄后公鸡的腿、胫骨生长趋缓，千万不可限制早期生长。

2. 7～13周龄 由于前期任其充分发展，一般公鸡饲养得肥胖、丰满。此阶段应使其生长减慢，饲料改为育成饲料，采用4/3限饲或5/2限饲，使其胸部和体内丰满的肌肉和脂肪转变成腿、胫的精瘦肌腱，使胸部肌肉逐渐减少，龙骨前端逐渐抬高，而且渐渐使体重回归到标准范围或最多不超过标准的10%。每周应仔细称重，如均匀度在80%以下时应采用大、中、小分群饲养的办法进行调整。育成阶段的饲养密度以4只/米² 为宜。

3. 14～23周龄 此阶段尽可能促进性器官发育，可将限饲措施略作放松，即由4/3限喂改为5/2限喂，或由5/2限喂改为每日限喂。尽量使其体重的增长与标准吻合。使群体的均匀度调整到80%以上。此期间可使用公鸡料桶吊高喂料，既有利于公鸡在采食时对腿部的锻炼，又利于在21周龄混群后更习惯于用料桶采食。自18周龄开始可由育成料改为预产料，一般每周增重在150～160克左右。此时需要增加光照刺激，使性成熟与体成熟一致。

在18周龄和20周龄时可分别进行选种，淘汰体质瘦小、体重轻、发育畸形、喙短、胫骨短（成年公鸡胫骨长度应在140毫米以上）、无雄性特征的公鸡。

公母混群一般在20～21周龄进行。合群时公鸡体重应高出母鸡体重的30%左右，如体重过小，应推迟混群，避免公鸡受欺而影响授精率。在合群前公鸡应提早1周转入产蛋鸡舍使公鸡先适应新环境，也使公鸡在整个鸡舍内分布均匀。公母比例应掌握在1∶9～10为宜，过多时，往往造成强壮公鸡间争斗以及母鸡受欺导致伤残。

为解决混群后确实做到公、母分饲,防止公鸡偷吃母鸡料致使供料量不精确造成正常发育受到影响。有关公司建议在母鸡饲槽上安装限制公鸡采食的隔鸡栅(其间隙为 43 毫米),也可采用一根长度为 63 毫米的塑料细棒,穿过并嵌在公鸡的鼻孔上(所谓"鼻签"工艺),配套使用隔鸡栅可进一步限制公鸡偷吃母鸡饲料。此项工作切勿疏忽,否则,会造成整齐度的急骤下降。由于公鸡的睾丸和性器官要到 30 周龄时才充分发育成熟,所以在 21~30 周龄间,应抽样 10% 称重,确保体重不减轻。

4.24 周龄以后 种公鸡在 24 周龄以后应饲喂单配的公鸡饲料,参见表 4-19。此表是彼德逊肉用种鸡的营养标准。"A·A"公司的种公鸡营养标准参见表 6-1。

**表 4-19 彼德逊肉用种鸡种用期营养标准**

| 营 养 成 分 | | 种公鸡 | 种母鸡 |
|---|---|---|---|
| 代谢能 | (兆焦/千克) | 11.74 | 12.22 |
| 粗蛋白质 | (%) | 12.00 | 16.30 |
| 蛋白能量比 | (克/兆焦) | 10.23 | 13.34 |
| 脂 肪 | (%) | 3.20 | 3.50 |
| 亚油酸 | (%) | 0.75 | 1.50 |
| 粗纤维 | (%) | 6.35 | 3.50 |
| 胆 碱 | (ppm) | 550.00 | 1350.00 |
| 钙 | (%) | 0.95 | 3.10 |
| 有效磷 | (%) | 0.40 | 0.40 |
| 钠 | (%) | 0.18 | 0.18 |
| 钾 | (%) | 0.59 | 0.59 |
| 镁 | (%) | 0.06 | 0.06 |
| 氯 | (%) | 0.16 | 0.16 |

这样低的蛋白质水平的饲料,对种公鸡的性成熟期、睾丸重、精液量、精子浓度、精子数等均没有明显的不良影响。据报道,喂以 9%～10% 的蛋白质水平的饲料,公鸡产生精液的百分数还是比较高的。而过高蛋白质水平的饲料常会由于公鸡采食过量而得痛风症,引起腿部疾患。但在使用低蛋白质水平日粮时,必须注意日粮中的必需氨基酸的平衡,由于这些氨基酸大多直接参与精子的形成,对精液的品质有明显的影响。

公鸡的营养需求除了蛋白质水平可以降低外,能量需要亦可适当降低为 11.3～11.7 兆焦/千克日粮。同时从表中亦可以看到钙与有效磷的含量分别为 0.95% 和 0.4%,在种用期间采用较低水准的钙用量将有利于公鸡体内的代谢过程及精子的发育。但对微量元素则要求按一般推荐量的 125% 添加。

公鸡对维生素特别是脂溶性维生素的需要量较高,它直接影响公鸡的性活力,如维生素 A 和维生素 E 可影响精子的产生,B 族维生素影响性活动能力,维生素 $B_{12}$ 影响精液的数量,烟酸和生物素可防止公鸡的腿病,维生素 C 对增加精子数、提高授精率均有显著作用。因此,在日粮中维生素更需加倍添加。

切实检查公母分饲措施的完备,要尽可能做到喂料时快速、均匀。此时对公鸡可吊高料桶,一般离地 46 厘米左右,应随公鸡的背高变化而调整。尤其在 1/3 垫料和 2/3 栅条结合的鸡舍内,可将公鸡料桶吊在垫料区,并控制每个料桶只供 6 只左右公鸡采食,可先黑舍给公鸡料,等亮灯后公鸡吃到料时再供给母鸡饲料,这样在采食均匀性以及对公鸡的腿部发育会有一些好处,亦可避免由于公鸡采食的不均匀而形成两极分化,导致公鸡过早瘦弱病残。

在生产期间,公鸡的采食量应每4周增加1克料量。公鸡的维持能量会随着舍温的变化而改变,一般认为在18～27℃的区间温度以外,每增、降1℃,每日可相应地减少或增加2克饲料。

为了控制种公鸡的性成熟,自6周龄后必须把光照时间控制在11小时以内,直到公母鸡混群进入配种阶段采用与母鸡相同的光照制度。因为推迟性成熟期将有利于在配种期内产生的精子质量。至于6周龄以前的光照时数则可采用逐步下降的方法,如1～5日龄实际连续光照24小时,6日龄至6周龄可连续光照或渐减到13～11小时。

5.45～50周龄以后 这段时期已逐渐进入产蛋后期。公鸡的睾丸开始衰退变小,产生精子的数量、质量均有所下降,部分公鸡的种用价值降低,种群的授精开始下降,应及时淘汰腿脚伤残、行动迟缓、配种能力差的公鸡。可考虑在45周龄后补充后备青年公鸡,其数量不能少于公鸡总数的10%,以保证后期的种蛋受精水平。

## (三)种公鸡的选择和配种管理

实践证明,种用公鸡选择的正确与否,将影响种用期间鸡群鸡蛋的受精率、孵化率、种用时间的长短以及后代的生产性能。

1.选择的要求与方法

(1)严格参照各鸡种标准要求选择 种公鸡的体重应控制在标准要求的范围内,从鸡群整齐度来看,其变异系数不要超过10%,在此基础上按照一定的比率选留。

(2)从外貌上选择 应是胫长在140毫米以上,胸平肩宽,鸡冠挺拔、色泽鲜红,精力旺盛,行动敏捷,眼睛明亮有神,行动时龙骨与地面约呈 45°角的雄性强的公鸡。淘汰那些体型狭小、冠苍白、眼无神、羽毛蓬松、喙畸形、背短狭、驼背、龙骨短、腿关节变形、跛行或站立不稳等有腿脚部疾患的公鸡。

(3)按公鸡的性活动能力选择　可根据公鸡 1 天中与母鸡交配的次数分强、中、弱三种类型,达 9 次以上者为强,6～9 次者为中,6 次以下者为弱。选留的公鸡应为中等以上的。亦可观察公鸡放入母鸡群后的反应,如在 3 分钟内就表现有交配欲的为性能力强,5 分钟内有表现者为中;其余则应淘汰。

(4)根据精液质量选择　可利用人工采精的技术,对选留公鸡的精液质量进行检测,按人工采精的方法 2～3 次仍采不到精液或精液量在 0.3 毫升/次以下、精子活力低于 6.5 级、精子密度少于 20 亿个/毫升的,均属淘汰范围。

2.配种管理　在大群配种时,通常以组成 200 只的小配种群为好。所选配的公鸡无论是体重和性能力,在各配种群间应搭配均衡,公鸡应先于母鸡转入产蛋鸡舍,使其能均匀地分布到鸡舍的各个方位,以保证每只公鸡都能大致均衡地认识相同数量的母鸡。更换替补新公鸡时应在天黑前后进行,避免因斗殴致残。在转群时,必须小心抓握鸡的双腿及翅膀,切勿只拧一条腿,否则可能因翅膀扑打等导致腿部或翅膀致残而失去种用价值。

# 六、肉用种鸡饲养方法举例

以某公司提供的父母代种鸡为例。

## (一)索取和查阅鸡种有关资料

1.父母代种鸡生产性能　见第三章表 3-3。

2.某公司推荐的饲料配方 见表 4-20,4-21。

**表 4-20 某公司推荐的肉用种鸡各时期饲料配方**

| 营 养 素 | 配 方 号 | | | | | |
|---|---|---|---|---|---|---|
| | A | B | C | D | E | F |
| 粗蛋白质 （％） | 19～20 | 18 | 16 | 16.7 | 16 | 17.4 |
| 代谢能（兆焦/千克） | 12.43 | 11.97 | 11.72 | 11.97 | 11.51 | 11.51 |
| 蛋白能量比（克/兆焦） | 15.27 | 15.03 | 13.65 | 13.93 | 13.89 | 15.11 |
| 钙 （％） | 0.90 | 0.85 | 1.10 | 2.90 | 2.80 | 3.10 |
| 可利用磷 （％） | 0.45 | 0.43 | 0.55 | 0.47 | 0.45 | 0.49 |
| 粗脂肪 （％） | 3～4 | 3～4 | 3～4 | 3～4 | 3～4 | 3～4 |
| 粗纤维 （％） | 2.5～3 | 2.5～3 | 3～5 | 3～5 | 3～5 | 3～5 |
| 亚油酸 （％） | 1.40 | 1.40 | 1.30 | 1.30 | 1.30 | 1.40 |
| 赖氨酸 （％） | 1.00 | 0.90 | 0.72 | 0.70 | 0.68 | 0.73 |
| 蛋氨酸 （％） | 0.40 | 0.36 | 0.32 | 0.34 | 0.32 | 0.35 |
| 蛋氨酸＋胱氨酸（％） | 0.72 | 0.65 | 0.58 | 0.61 | 0.58 | 0.63 |
| 色氨酸 （％） | 0.20 | 0.18 | 0.16 | 0.17 | 0.16 | 0.18 |
| 精氨酸 （％） | 1.00 | 0.90 | 0.80 | 0.84 | 0.80 | 0.87 |
| 亮氨酸 （％） | 1.40 | 1.26 | 1.12 | 1.25 | 1.20 | 1.31 |
| 异亮氨酸 （％） | 0.80 | 0.72 | 0.64 | 0.84 | 0.80 | 0.99 |
| 苯丙氨酸＋酪氨酸（％） | 1.40 | 1.26 | 1.12 | 1.10 | 1.06 | 1.15 |
| 苏氨酸 （％） | 0.70 | 0.63 | 0.56 | 0.62 | 0.59 | 0.64 |
| 缬氨酸 （％） | 0.86 | 0.77 | 0.69 | 0.72 | 0.69 | 0.75 |
| 组氨酸 （％） | 0.40 | 0.36 | 0.32 | 0.33 | 0.32 | 0.35 |
| 苯丙氨酸 （％） | 0.70 | 0.63 | 0.56 | 0.77 | 0.74 | 0.80 |
| 钠 （％） | 0.15 | 0.15 | 0.15 | 0.12 | 0.12 | 0.13 |
| 氯化物 （％） | 0.15 | 0.15 | 0.14 | 0.14 | 0.14 | 0.15 |
| 盐 （％） | 0.25 | 0.25 | 0.25 | 0.25 | 0.25 | 0.25 |
| 钾 （％） | 0.40 | 0.39 | 0.38 | 0.39 | 0.37 | 0.37 |

注：A、B 为初期饲料，C 为生长期饲料，D、E、F 为种鸡饲料（22 周龄以后），其中 D、E 在平均气温 27℃以下时用，F 在平均气温 27℃以上时用

### 表 4-21  建议的全价饲料中维生素及微量元素含量

| 营养素 | 每吨全价饲料的总量 | | | 玉米-大豆基本配方预先混合料（吨） | | |
|---|---|---|---|---|---|---|
| | 初期饲料 | 生长饲料（控制） | 种鸡饲料 | 初期饲料 | 生长饲料（控制） | 种鸡饲料 |
| 维生素 A（万单位） | 1200 | 1200 | 1500 | 1000 | 1000 | 1200 |
| 维生素 $D_3$（万单位） | 150 | 150 | 300 | 150 | 150 | 300 |
| 维生素 E（万单位） | 2 | 2 | 3.3 | 0.6 | 0.6 | 1.5 |
| 维生素 $K_3$（克） | 1.0 | 1.0 | 1.0 | 1.0 | 1.0 | 1.0 |
| 硫 胺 素（克） | 4.0 | 4.0 | 4.0 | 2.5 | 2.5 | 2.5 |
| 核 黄 素（克） | 5.0 | 5.0 | 8.0 | 4.0 | 4.0 | 7.0 |
| 泛 酸（克） | 17.0 | 12.0 | 20.0 | 10.0 | 10.0 | 16.0 |
| 烟 酸（克） | 50.0 | 50.0 | 55.0 | 35.0 | 35.0 | 35.0 |
| 吡 哆 醇（克） | 8.0 | 8.0 | 9.0 | 3.0 | 3.0 | 4.5 |
| 生 物 素（克） | 0.25 | 0.25 | 0.3 | 0.2 | 0.15 | 0.2 |
| 胆 碱（克） | 1500 | 1500 | 2200 | 500 | 500 | 1200 |
| 叶 酸（克） | 2.3 | 2.3 | 2.3 | 1.3 | 1.3 | 1.3 |
| 抗氧化物（毫克） | 12.0 | 12.0 | 12.0 | 12.0 | 12.0 | 12.0 |
| 铁 （克） | 80 | 80 | 60 | 60 | 60 | 40 |
| 铜 （克） | 20 | 20 | 15 | 15 | 15 | 10 |
| 碘 （克） | 0.45 | 0.45 | 0.40 | 0.40 | 0.40 | 0.35 |
| 硫 （克） | 80 | 80 | 80 | 60 | 60 | 60 |
| 锌 （克） | 60 | 60 | 80 | 50 | 50 | 70 |
| 硒 （克） | 0.2 | 0.2 | 0.2 | 0.15 | 0.15 | 0.15 |

注：①总量指饲料成分中的自然含量加上预先混合料中的含量

②在初期及生长饲料里，应添加准许用的抗球虫药以控制球虫病

3. 某鸡种父母代公鸡及母鸡育成期的目标体重及饲喂方案分别见表 4-22,表 4-23。

表 4-22 某鸡种父母代公鸡育成期目标体重及饲喂方案

| 周 | 日 | 目标体重<br>(克) | 每日每只鸡<br>饲喂量(克) | 饲　喂　程　序 |
|---|---|---|---|---|
| 1 | 7 | | 自由采食 | 自由采食,在 21 日龄以前的雏鸡料为粗 |
| 2 | 14 | | | 屑料 |
| 3 | 21 | 530～610 | 53～59 | 开始控制进食量。鸡 21 日龄时测定自由 |
| 4 | 28 | 670～750 | 60～66 | 采食所摄进的饲料量,以后维持此食量,直 |
| | | | | 到能在 5 小时内吃完或至鸡 35 日龄为止, |
| | | | | 依何者先达到而取舍 |
| 5 | 35 | 810～910 | 63～69 | 开始限制喂料。5 周龄时改为粉状育成期 |
| 6 | 42 | 950～1050 | 68～76 | 饲料,采用隔日喂料方法较好。抽样称重, |
| 7 | 49 | 1080～1220 | 70～79 | 比较鸡群的实际体重和目标体重的差异, |
| | | | | 调整饲料量以达到建议的目标体重 |
| 8 | 56 | 1210～1370 | 75～83 | |
| 9 | 63 | 1350～1510 | 81～89 | 停喂料日饲喂谷粒撒料 10 克/只 |
| 10 | 70 | 1490～1670 | 83～91 | |
| 11 | 77 | 1630～1810 | 88～98 | |
| 12 | 84 | 1770～1970 | 90～100 | |
| 13 | 91 | 1910～2110 | 95～105 | |
| 14 | 98 | 2050～2260 | 99～109 | |
| 15 | 105 | 2200～2410 | 101～111 | |
| 16 | 112 | 2340～2550 | 102～112 | |
| 17 | 119 | 2470～2690 | 104～114 | |
| 18 | 126 | 2590～2810 | 107～119 | 将公鸡放入母鸡群,每 100 只母鸡<br>放 10 只公鸡 |

### 表 4-23　某鸡种父母代母鸡育成期目标体重及饲喂方案

| 周 | 日 | 目标体重<br>(克) | 每日每只鸡<br>限饲饲料量<br>(克) | 饲　喂　程　序 |
|---|---|---|---|---|
| 1 | 7 | | 饱　饲 | 饱饲,初生鸡日料用粗屑料 |
| 2 | 14 | | | 开始控制进食量,鸡龄 21 日时,测量鸡 |
| 3 | 21 | 320～480 | 39～43 | 饱饲所进饲料量,以后每日即以此量喂予, |
| 4 | 28 | 410～570 | 43～47 | 直到能在 5 小时内完全吃完,或至鸡龄 35 日为止,依何者先到达而取舍。鸡群在鸡 3 周龄时,每日每只可消耗饲料 39～43 克 |
| 5 | 35 | 500～660 | 47～51 | 开始全控程序,鸡 35 日时,改饲粉状 |
| 6 | 42 | 590～750 | 49～55 | 成长饲料,采用隔日饲喂法控制其生长速 |
| 7 | 49 | 680～840 | 52～58 | 度。称量有代表性的样鸡,比较该鸡龄时的实际体重与目标体重,调整饲料量以求达到建议的生长速度 |
| 8 | 56 | 770～930 | 55～61 | 开始每只饲喂 9 克谷粒料(于停饲日撒 |
| 9 | 63 | 860～1020 | 58～64 | 喂)。每周称量有代表性的样本鸡。切勿于 |
| 10 | 70 | 950～1110 | 61～67 | 成长期减少饲料供应量,如果生长过重,在 |
| 11 | 77 | 1040～1200 | 63～69 | 未达目标体重时可不增加饲料量 |
| 12 | 84 | 1130～1290 | 66～72 | |
| 13 | 91 | 1220～1390 | 69～75 | |
| 14 | 98 | 1320～1490 | 71～79 | |
| 15 | 105 | 1420～1590 | 74～82 | |
| 16 | 112 | 1520～1690 | 78～86 | |
| 17 | 119 | 1620～1790 | 82～90 | |
| 18 | 126 | 1720～1890 | 85～95 | |
| 19 | 133 | 1830～2000 | 88～98 | 开始光照刺激计划。自 20 周后改为种鸡 |
| 20 | 140 | 1940～2110 | 92～102 | 饲料 |
| 21 | 147 | 2050～2230 | 96～106 | 当 22 周龄或产头 1 只蛋时(依何者先到 |
| 22 | 154 | 2170～2350 | 100～110 | 为取舍),鸡只必须每日供食 |
| 23 | 161 | 2350～2530 | 104～114 | |

注:①表 4-22,表 4-23 所示日粮系代谢能为 11.72 兆焦/千克。鸡舍平均温度
　　为 18℃
　②隔日限喂时将饲料量加倍于喂料日一次加入

4.某鸡种父母代种鸡产蛋期间饲料消耗量　见表4-24。该表显示了高、中、低水平的产蛋率和在不同鸡舍温度条件下相对应的饲料供给量。

表4-24　某鸡种父母代种鸡饲料消耗量　（每日克/只）

| 周龄 | 产蛋率（高） | | | | | 产蛋率（中） | | | | | 产蛋率（低） | | | | |
|---|---|---|---|---|---|---|---|---|---|---|---|---|---|---|---|
| | 日产蛋率（%） | 产蛋鸡舍温度 | | | | 日产蛋率（%） | 产蛋鸡舍温度 | | | | 日产蛋率（%） | 产蛋鸡舍温度 | | | |
| | | 16℃ | 21℃ | 27℃ | 32℃ | | 16℃ | 21℃ | 27℃ | 32℃ | | 16℃ | 21℃ | 27℃ | 32℃ |
| 24 | 5 | 133 | 121 | 110 | 98 | 5 | 121 | 110 | 98 | 87 | 0 | 119 | 108 | 96 | 85 |
| 25 | 25 | 148 | 136 | 124 | 112 | 18 | 135 | 124 | 112 | 100 | 1 | 124 | 112 | 100 | 88 |
| 26 | 45 | 161 | 149 | 137 | 125 | 32 | 146 | 134 | 122 | 110 | 5 | 130 | 118 | 107 | 95 |
| 27 | 70 | 164 | 152 | 140 | 127 | 43 | 155 | 142 | 130 | 118 | 20 | 139 | 127 | 114 | 102 |
| 28 | 75 | 167 | 155 | 142 | 130 | 56 | 165 | 152 | 140 | 128 | 35 | 149 | 136 | 124 | 112 |
| 29 | 78 | 169 | 157 | 144 | 132 | 70 | 168 | 155 | 143 | 131 | 50 | 155 | 143 | 130 | 118 |
| 30 | 81 | 171 | 159 | 146 | 134 | 80 | 169 | 157 | 145 | 132 | 65 | 163 | 151 | 138 | 125 |
| 31 | 84 | 172 | 160 | 147 | 135 | 82 | 169 | 157 | 145 | 132 | 72 | 165 | 153 | 140 | 127 |
| 32 | 86 | 173 | 160 | 147 | 135 | 82 | 170 | 158 | 145 | 132 | 74 | 166 | 154 | 141 | 128 |
| 33 | 85 | 173 | 160 | 148 | 135 | 81 | 170 | 158 | 145 | 132 | 75 | 167 | 155 | 142 | 129 |
| 34 | 84 | 173 | 160 | 148 | 135 | 80 | 170 | 158 | 145 | 132 | 76 | 167 | 155 | 142 | 129 |
| 35 | 83 | 173 | 160 | 148 | 135 | 79 | 170 | 158 | 145 | 132 | 74 | 167 | 155 | 142 | 129 |
| 36 | 82 | 173 | 160 | 148 | 135 | 78 | 170 | 158 | 145 | 132 | 72 | 167 | 155 | 142 | 129 |
| | | | 饲　料 | | | 削 | | | 减 | | | | | | |
| 40 | 78 | 171 | 158 | 146 | 133 | 75 | 168 | 156 | 143 | 130 | 69 | 165 | 153 | 140 | 127 |
| 44 | 74 | 168 | 155 | 143 | 130 | 71 | 165 | 153 | 140 | 127 | 65 | 162 | 150 | 137 | 124 |
| 48 | 70 | 166 | 153 | 141 | 128 | 67 | 163 | 151 | 138 | 125 | 61 | 160 | 148 | 135 | 122 |
| 52 | 66 | 164 | 151 | 139 | 126 | 63 | 161 | 149 | 136 | 123 | 57 | 158 | 146 | 133 | 120 |
| 56 | 62 | 161 | 148 | 136 | 123 | 59 | 158 | 146 | 133 | 120 | 53 | 155 | 143 | 130 | 117 |
| 60 | 58 | 159 | 146 | 134 | 121 | 55 | 156 | 144 | 131 | 118 | 49 | 153 | 141 | 128 | 115 |
| 64 | 54 | 157 | 144 | 132 | 119 | 51 | 154 | 142 | 129 | 116 | 45 | 151 | 139 | 126 | 113 |

注：①饲料能量为11.55兆焦/千克

②鸡舍温度＝$\dfrac{最高温度＋最低温度}{2}$

5.开放式鸡舍的光照方案　见表4-25,4-26,4-27。这是在北纬20°,30°,40°地区,不同月份出壳雏鸡的光照方案。我们可以根据所处地区的纬度及雏鸡的出壳月份在表中对号入座。

**表 4-25　某公司肉用种鸡开放式鸡舍的光照方案　（北纬 20°）**

| 出壳日期（月/日） | 19 周龄 | | 总光照时间(人工光照＋自然光照) | | | | | | |
|---|---|---|---|---|---|---|---|---|---|
| | 到达日期（月/日） | 自然光照时间（时·分） | 1～3天 | 4～133 天 | 19周龄 | 20周龄 | 22周龄 | 31周龄 | 32周龄 |
| 1/15 | 5/28 | 13·11 | 23小时 | 13 小时连续光照 | 15 | 15 | 16 | 16.5 | 17 |
| 2/15 | 6/28 | 13·20 | 23小时 | 13.5 小时连续光照 | 15 | 15 | 16 | 16.5 | 17 |
| 3/15 | 7/26 | 13·04 | 23小时 | 4 天至 14 周龄采用13.5 小时光照,14 至19 周龄采用自然光照 | 15 | 15 | 16 | 16.5 | 17 |
| 4/15 | 8/26 | 12·33 | 23小时 | 4 天至 10 周龄采用13.5 小时光照,10～19 周龄采用自然光照 | 15 | 15 | 16 | 16.5 | 17 |
| 5/15 | 9/25 | 12·02 | 23小时 | 自然光照 | 15 | 15 | 16 | 16.5 | 17 |
| 6/15 | 10/26 | 11·28 | 23小时 | 自然光照 | 14 | 14 | 15 | 15.5 | 16 |
| 7/15 | 11/25 | 11·04 | 23小时 | 自然光照 | 14 | 14 | 15 | 15.5 | 16 |
| 8/15 | 12/26 | 10·52 | 23小时 | 自然光照 | 13 | 14 | 15 | 15.5 | 16 |
| 9/15 | 1/26 | 11·08 | 23小时 | 自然光照 | 14 | 14 | 15 | 15.5 | 16 |
| 10/15 | 2/25 | 11·44 | 23小时 | 11.5 小时连续光照 | 14 | 14 | 15 | 15.5 | 16 |
| 11/15 | 3/28 | 12·10 | 23小时 | 12 小时连续光照 | 15 | 15 | 16 | 16.5 | 17 |
| 12/15 | 4/27 | 12·45 | 23小时 | 12.5 小时连续光照 | 15 | 15 | 16 | 16.5 | 17 |

**表 4-26　某公司肉用种鸡开放式鸡舍的光照方案**　（北纬 30°）

| 出壳日期（月/日） | 19 周龄 | | 总光照时间（人工光照＋自然光照） | | | | | | | |
| | 到达日期（月/日） | 自然光照时间（时·分） | 1~3 天 | 4~133 天 | 19 周龄 | 20 周龄 | 22 周龄 | 31 周龄 | 32 周龄 |
|---|---|---|---|---|---|---|---|---|---|
| 1/15 | 5/28 | 13·55 | 23 小时 | 14 小时连续光照 | ★ | 16 | 16 | 16.5 | 17 |
| 2/15 | 6/28 | 14·05 | 23 小时 | 14 小时连续光照 | ★ | 16 | 16 | 16.5 | 17 |
| 3/15 | 7/26 | 13·44 | 23 小时 | 4 天~14 周龄采用 14 小时光照，14~19 周龄采用自然光照 | ★ | 16 | 16 | 16.5 | 17 |
| 4/15 | 8/26 | 13·00 | 23 小时 | 4 天~10 周龄采用 14 小时光照，10~19 周龄采用自然光照 | 15 | 15 | 16 | 16.5 | 17 |
| 5/15 | 9/25 | 12·06 | 23 小时 | 自然光照 | 15 | 15 | 16 | 16.5 | 17 |
| 6/15 | 10/26 | 11·10 | 23 小时 | 自然光照 | 14 | 14 | 15 | 15.5 | 16 |
| 7/15 | 11/25 | 10·30 | 23 小时 | 自然光照 | 13 | 13 | 15 | 15.5 | 16 |
| 8/15 | 12/26 | 10·32 | 23 小时 | 自然光照 | 13 | 13 | 15 | 15.5 | 16 |
| 9/15 | 1/26 | 10·39 | 23 小时 | 自然光照 | 13 | 13 | 15 | 15.5 | 16 |
| 10/15 | 2/25 | 11·23 | 23 小时 | 11 小时连续光照 | 14 | 14 | 15 | 15.5 | 16 |
| 11/15 | 3/28 | 12·17 | 23 小时 | 12 小时连续光照 | 15 | 15 | 16 | 16.5 | 17 |
| 12/15 | 4/27 | 13·10 | 23 小时 | 13 小时连续光照 | 16 | 16 | 16 | 16.5 | 17 |

★此纬度地区 1 月份、2 月份出壳的雏鸡，由于生长期的自然光照时间较长，到 19 周龄时仅能施行微弱光照的刺激，故建议将这些鸡饲养于密闭鸡舍内

表 4-27　某公司肉用种鸡开放式鸡舍的光照方案　（北纬 40°）

| 出壳日期（月/日） | 19周龄 | | 总光照时间（人工光照＋自然光照） | | | | | | | | |
| | 到达日期（月/日） | 自然光照时间（时·分） | 1～3天 | 4～133天 | 19周龄 | 20周龄 | 21周龄 | 22周龄 | 31周龄 | 32周龄 |
|---|---|---|---|---|---|---|---|---|---|---|
| 1/15 | 5/28 | 14·44 | 23小时 | 14小时连续光照 | ★ | 16 | 16 | 16 | 16.5 | 17 |
| 2/15 | 6/28 | 15·05 | 23小时 | 15小时连续光照 | ★ | 16 | 16 | 16.5 | 17 | 17 |
| 3/15 | 7/26 | 14·38 | 23小时 | 4天～14周龄采用15小时光照,14～19周龄采用自然光照 | ★ | 16 | 16 | 16 | 16.5 | 17 |
| 4/15 | 8/26 | 13·19 | 23小时 | 4天～10周龄采用15小时光照,10～19周龄采用自然光照 | 16 | 16 | 16 | 16 | 16.5 | 17 |
| 5/15 | 9/25 | 12·03 | 23小时 | 自然光照 | 15 | 15 | 15 | 16 | 16.5 | 17 |
| 6/15 | 10/26 | 10·44 | 23小时 | 自然光照 | 13 | 14 | 14 | 15 | 15.5 | 16 |
| 7/15 | 11/25 | 9·41 | 23小时 | 自然光照 | 12 | 13 | 14 | 15 | 15.5 | 16 |
| 8/15 | 12/26 | 9·19 | 23小时 | 自然光照 | 12 | 13 | 14 | 15 | 15.5 | 16 |
| 9/15 | 1/26 | 9·57 | 23小时 | 自然光照 | 13 | 14 | 14 | 15 | 15.5 | 16 |
| 10/15 | 2/25 | 11·04 | 23小时 | 11小时连续光照 | 14 | 14 | 14 | 15 | 15.5 | 16 |
| 11/15 | 3/28 | 12·21 | 23小时照 | 12.5小时连续光照 | 15 | 15 | 15 | 16 | 16.5 | 17 |
| 12/15 | 4/27 | 13·42 | 23小时 | 13小时45分钟连续光照 | ★ | 16 | 16 | 16 | 16.5 | 17 |

★此纬度地区,该月份出壳的雏鸡,由于生长期的自然光照时间较长,到19周龄时仅能施行微弱光照的刺激,故建议将这些鸡饲养在密闭鸡舍内

6. 向供种单位了解该鸡种使用疫苗及药物情况 了解其免疫程序,为引种单位制定该鸡种一生的免疫程序提供依据。切记凡该鸡种没有的和本地区没有发生过的疫病,此类疫苗不宜接种。国内有些单位使用的免疫程序见表4-28。该程序中没有接种传染性支气管炎苗、喉气管炎苗及脑脊髓炎苗等,主要是该地区不流行这些病,如果本地区有此类疫病则应按其发生时期的规律,参照各种疫苗的免疫期限,适时接种。

表 4-28　种鸡免疫程序

| 鸡　龄 | 疫 苗 种 类 | 接种方法 |
|---|---|---|
| 1 日龄 | 马立克病疫苗 | 颈部皮注 |
| 10～14 日龄 | 法氏囊病疫苗 | 饮　　水 |
| 3～4 周龄 | 鸡新城疫 Ⅳ 系苗 | 饮　　水 |
| 10～11 周龄 | 鸡新城疫 Ⅳ 系苗 | 饮　　水 |
| 18～19 周龄 | 鸡新城疫 Ⅰ 系苗 | 肌　　注 |

## (二)编制管理计划

根据索取和查阅到的有关鸡种的资料,按照本地区及本场的实际情况编制管理计划。

第一,按照当地日出日落时间及出雏日期,参照表4-25,4-26,4-27等,按图4-3的式样绘制生长期光照方案图。

第二,按照各有关饲养要求,编制全期生产管理的总流程表,格式见表4-29。

表 4-29　肉用种鸡全期生产管理总流程

| 密度 | 饮水器 | 料桶或料槽 | 饲料种类 | 给饲方式 | 鸡龄 | | 公 | | 母 | | |
|---|---|---|---|---|---|---|---|---|---|---|---|
| | | | | | 周龄 | 日龄 | 体重(克) | 饲料量(克/只) | 体重(克) | 饲料量(克/只) | 产蛋率% |
| | | | | | | | | | | | |
| | | | | | | | | | | | |
| | | | | | | | | | | | |

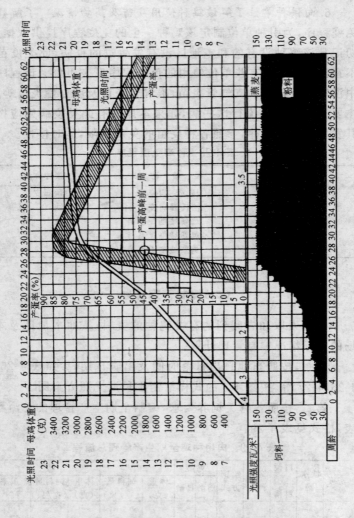

图 4-5  海布罗父母代鸡的管理方案

第三,可参照图 4-5 海布罗父母代鸡的管理方案式样绘制本鸡种的管理方案图式。

第四,编制鸡舍、用具、饲料、药品、疫苗、垫料等计划。

根据鸡舍面积及饲养密度和生产周转计划,可以确定每批及全年的饲养鸡数,在此基础上,按各有关要求分别确定用具、各种饲料、药品、疫苗和垫料等的使用计划。

### (三)实施方案中有关细节的分解

种鸡的饲养管理已分别在种鸡的限制饲养、体重控制、光照管理及日常管理中论及,此处不再重复,育雏技术部分请参见第五章肉用仔鸡的育雏一节。现将实施方案中的有关细节分解如下:

1. 将每周的饲料量分解成日投料量 随着日龄的增大,日耗料量也随着增加,所以要将饲养标准给予的周平均每只鸡的采食量,分解成每日的投料量,其方法是将平均数取中心作为每周三的量,前 3 天减,后 3 天加,前 3 天减的量相等于后 3 天加的量,而在上下周之间取得自然衔接。可参阅某鸡种母鸡 7～10 周间每周耗料的分解,见表 4-30。

表 4-30　每周中各日耗料分解计划　(克/只)

| 周龄 | 平均日耗料标准(克) | 日 | 一 | 二 | 三 | 四 | 五 | 六 |
|------|------|------|------|------|------|------|------|------|
| 7 | 58 | 56.5 | 57 | 57.5 | 58 | 58.5 | 59 | 59.5 |
| 8 | 61 | 59.5 | 60 | 60.5 | 61 | 61.5 | 62 | 62.5 |
| 9 | 64 | 62.5 | 63 | 63.5 | 64 | 64.5 | 65 | 65.5 |
| 10 | 67 | 65.5 | 66 | 66.5 | 67 | 67.5 | 68 | 68.5 |

2. 称重、记录与计算 在随机选择鸡样本进行个体称重时,样本数不少于鸡群总数的 5%,为消除任意主观意愿,凡

用抓鸡框圈进的鸡都应作个体称重。称重记录可按表 4-6 格式进行,有关计算可参见第四章中称重与记录的计算办法。

3. 体重偏离培育目标时的校正办法

(1)5～6 周龄分级时,分离出较轻个体鸡群的校正方法参见图 4-6。

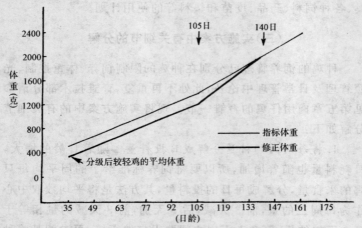

图 4-6 5～6 周龄分级时分离出较轻个体鸡群的校正方法

第一,分级后,从体重轻的群内取得平均体重,在坐标纸上画出 15 周龄(105 日龄)前与指标体重曲线平行的修正体重曲线(示例中粗线)。105 日龄后逐渐回向 20 周龄(140 日龄)的指标体重,之后按标准体重指标进行饲喂。

第二,无论如何不要在 15 周龄(105 天)前将鸡群提高到指标体重。

第三,在 15 周龄时提高饲料量 12%,这是使之达到向上改变生长方向的需要。

(2)鸡群在 15 周龄时超过指标体重 100 克以上,在 10～12 周龄时符合体重指标情况下的校正方法 参见图 4-7。

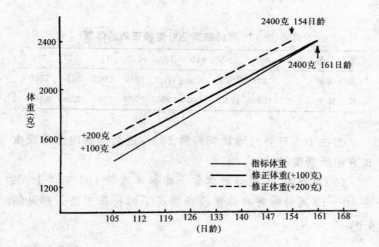

图 4-7　鸡群 15 周龄时超重,10～12 周龄
时符合体重指标的校正方法

①超重 100 克的鸡群(见图 4-7 中粗实线):在坐标纸上从 15 周龄超重 100 克体重至 23 周龄达标准体重 2400 克,重画一修正曲线,此线在各周龄交点处的体重,即为校正后的各周龄应达到的体重,见表 4-31。

表 4-31　15 周龄超重 100 克校正后的体重

| 日　　龄 | 105 | 112 | 119 | 126 | 133 | 140 | 147 | 154 | 161 |
|---|---|---|---|---|---|---|---|---|---|
| 指标体重 | 1420 | 1525 | 1640 | 1760 | 1880 | 2005 | 2130 | 2260 | 2400 |
| 修正体重 | 1520 | 1620 | 1740 | 1850 | 1960 | 2070 | 2180 | 2290 | 2400 |

②超重 200 克的鸡群(图 4-7 虚线):在坐标纸上从 15 周龄超重 200 克的体重至比标准日龄提前 1 周达 2400 克,重画一修正曲线,此线在各周龄交点处的体重,即为校正后的各周龄应达到的体重,见表 4-32。

表 4-32　15 周龄超重 200 克校正后的体重

| 日　　龄 | 105 | 112 | 119 | 126 | 133 | 140 | 147 | 154 |
|---|---|---|---|---|---|---|---|---|
| 指标体重 | 1420 | 1525 | 1640 | 1760 | 1880 | 2005 | 2130 | 2260 |
| 修正体重 | 1620 | 1730 | 1840 | 1960 | 2070 | 2180 | 2290 | 2400 |

③在 105 日龄时增加饲料量 12％：这是达到向上改变生长方向所需要的。

（3）鸡群在 15 周龄时体重比指标体重轻 100 克以上，但在 10～12 周龄时符合体重指标情况下的校正方法　参见图 4-8。

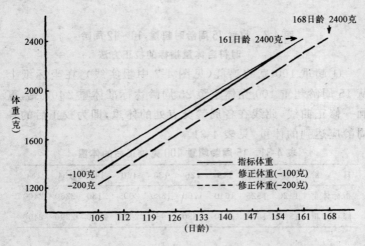

图 4-8　鸡群 15 周龄时体重轻于指标而 10～12
周龄符合体重指标的校正方法

第一，鸡群体重比指标体重轻 100 克的校正方法，见图

4-8 中的粗实线。在坐标纸上依比标准体重轻 100 克为起点至 161 日龄达 2 400 克体重重画一修正曲线,此线在各周龄交点处的体重,即为校正后的各周龄应达到的体重,见表 4-33。

表 4-33　15 周龄时体重轻于指标 100 克的校正体重

| 日　　龄 | 105 | 112 | 119 | 126 | 133 | 140 | 147 | 154 | 161 |
|---|---|---|---|---|---|---|---|---|---|
| 指标体重 | 1420 | 1525 | 1640 | 1760 | 1880 | 2005 | 2130 | 2260 | 2400 |
| 修正体重 | 1320 | 1450 | 1595 | 1730 | 1860 | 2000 | 2120 | 2255 | 2400 |

第二,鸡群体重比指标体重轻 200 克的校正方法,见图 4-8 中的虚线。在坐标纸上依比标准体重轻 200 克为起点至标准日龄推迟 1 周(即 24 周)达 2 400 克体重,重画一修正曲线,此线在各周龄交点处的体重,即为校正后的各周龄应达到的体重,见表 4-34。

表 4-34　15 周龄时体重轻于指标 200 克的校正体重

| 日　　龄 | 105 | 112 | 119 | 126 | 133 | 140 | 147 | 154 | 161 | 168 |
|---|---|---|---|---|---|---|---|---|---|---|
| 指标体重 | 1420 | 1525 | 1640 | 1760 | 1880 | 2005 | 2130 | 2260 | 2400 | |
| 修正体重 | 1220 | 1350 | 1490 | 1610 | 1750 | 1880 | 2005 | 2150 | 2280 | 2400 |

第三,在 105 日龄增加饲料量 12%,这是达到向上改变生长方向的需要。

(4)在 18～22 周龄之间鸡群超重 150 克以上,但在此之前体重均符合指标情况下的校正方法　参见图 4-9。

第一,计算实际超重时的日龄与指标体重应达到的日龄,其间相差多少天。如图 4-9 中粗实线至 140 日龄时的实际体重是 2 165 克,而此体重恰好是 148 日龄时的指标体重(见图 4-9 中的细实线),其间的差数(即 148-140=8)就是实际体

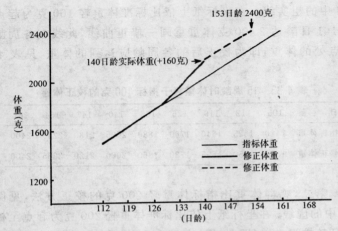

153日龄2400克

140日龄实际体重(+160克)

体重(克)

—— 指标体重
—— 修正体重
---- 修正体重

112 119 126 133 140 147 161 168
(日龄)

**图 4-9　鸡群 18～22 周龄时超重 150 克以上而**
**在此之前符合指标体重的校正方法**

重,已提前 8 天时间达到了指标体重的要求。

第二,从原定 161 日龄达到 2 400 克体重的日龄中减去上述提前的天数就是修正以后达到 2 400 克体重的新的日龄,即 161－8＝153 日龄。

第三,从 140 日龄的实际体重至达到 2 400 克的修正日龄间形成一条新的修正曲线(图 4-9 中的虚线),其与各周龄的交点处,为重新校正后的体重要求。

(5)鸡群在 18～22 周龄之间比标准体重轻 150 克以上,但在此之前体重均符合指标情况下的校正方法　参见图 4-10。

第一,计算形成过轻体重的该日龄较之该实际体重当作指标体重情况时的日龄,其间落后了多少天。如图 4-10 中粗实线至 140 日龄时的实际体重是 1 845 克,而此体重恰好是 131 日龄时的指标体重(见图 4-10 中的细实线),其中的差数

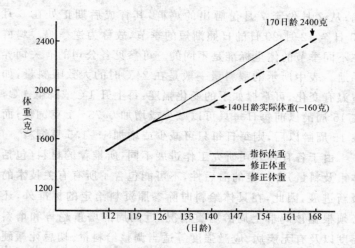

图 4-10　鸡群 18～22 周龄时过轻而此前
符合体重指标的校正方法

（140－131＝9）就是实际体重在落后 9 天时间才达到指标体重的要求。

第二，从原定 161 日龄达到 2 400 克体重的日龄加上上述落后的天数就是修正以后达到 2 400 克体重的新的日龄，即 161＋9＝170 日龄。

第三，从 140 日龄的实际体重至达到 2 400 克的修正日龄间形成一条新的修正曲线（见图 4-10 中的虚线），其与各周龄的交点处，为重新校正后的体重要求。

4. 按具体情况进行体重与料量的调整　由于季节的变化对鸡群育成期的体重标准有一定的影响，可根据鸡群育成后期（19～24 周龄）所处的光照特点，分成顺季鸡与逆季鸡，由当年的 8 月份至翌年 1 月份孵出的鸡群，其育成后期正处在12 月 20 日至翌年 6 月 20 日的日照渐长季节，故称为顺季鸡;从 2 月份至 7 月份孵出的鸡群,其育成后期正处在 6 月 20 日至 12 月 20 日的日照渐短的季节,故称为逆季鸡。鸡群在不同季节的体重标准是不同的。可参见各公司的有关饲养手册。表中所示的喂料量一般是在 24℃时的大致喂料量,如室温有变化,可掌握如下的变化幅度:每上升 1℃或降低 1℃,在 15 周龄以前每日每只可以减少或增加 0.75～1 克饲料;而在 15 周龄以后,则每日每只可减少或增加 1～1.5 克饲料。

由于各育种公司研究工作进展不同,所推荐的材料(包括体重及料量)有一定的滞后性,不可能包含了所有有关技术的最新进展,因此,在具体给料时除参照资料给定的标准外,还必须根据该鸡群上周龄增重情况,近两周的增重趋势和增料幅度以及有无疾病、应激强度等适当调整给料量。切忌死搬硬套。

# 第五章　肉用仔鸡的饲养与管理

## 一、肉用仔鸡生长的特点

### (一)早期生长速度快

在正常条件下,肉用仔鸡的早期生长速度十分迅速,一般出壳时重 40 克,饲养 56 天后体重可达 2 000 克左右,大约是出壳时体重的 50 倍。56 天肉鸡体重的世界最高纪录是 2 880 克,大群测试的纪录为 2 700 克,目前 6 周龄已能达到 1.82 千克的水平。随着肉鸡遗传育种的进步,饲养管理的改善,在今

后 10 年内有可能使肉用仔鸡的生长速度在 30 天内达到1.82
千克的高水准。

## (二)饲养周期短

在国内,肉用仔鸡从雏鸡出壳起,饲养到 8 周龄可达到上
市的标准体重,出售完毕后经两周空舍并打扫、清洗、消毒后
再进鸡。这样基本上是 10 周就可饲养一批肉鸡,一幢鸡舍
1 年至少可周转 5 批次。我国及国外有些饲养单位,其饲养周
期更短,有的在 6 周龄上市体重就可达到 1.35 千克,每年至
少周转 6 批次。这样短的饲养周期是其他畜牧业所没有的。有
关生长期、停养期的长短与周转批次的关系见表 5-1。由于肉
用仔鸡生产设备利用率高,资金周转快,所以肉鸡饲养业被称
为"速效畜牧业"和畜牧业中的"轻工业"。

表 5-1  生长期与停养期的长短对生产批数的影响  (批次)

| 饲养期(天) | 停 养 期 (天) | | | | | | | |
|---|---|---|---|---|---|---|---|---|
| | 7 | 8 | 9 | 10 | 11 | 12 | 13 | 14 |
| 46 | 6.9 | 6.8 | 6.6 | 6.5 | 6.4 | 6.3 | 6.2 | 6.1 |
| 47 | 6.8 | 6.6 | 6.5 | 6.4 | 6.3 | 6.2 | 6.1 | 6.0 |
| 48 | 6.6 | 6.5 | 6.4 | 6.3 | 6.2 | 6.1 | 6.0 | 5.9 |
| 49 | 6.5 | 6.4 | 6.3 | 6.2 | 6.1 | 6.0 | 5.9 | 5.8 |
| 50 | 6.4 | 6.3 | 6.2 | 6.1 | 6.0 | 5.9 | 5.8 | 5.7 |
| 51 | 6.3 | 6.2 | 6.1 | 6.0 | 5.9 | 5.8 | 5.7 | 5.6 |
| 52 | 6.2 | 6.1 | 6.0 | 5.9 | 5.8 | 5.7 | 5.6 | 5.5 |
| 53 | 6.1 | 6.0 | 5.9 | 5.8 | 5.7 | 5.6 | 5.5 | 5.5 |
| 54 | 6.0 | 5.9 | 5.8 | 5.7 | 5.6 | 5.5 | 5.5 | 5.4 |
| 55 | 5.9 | 5.8 | 5.7 | 5.6 | 5.5 | 5.5 | 5.4 | 5.3 |
| 56 | 5.8 | 5.7 | 5.6 | 5.5 | 5.5 | 5.4 | 5.3 | 5.2 |

### (三)饲料转化率高

饲养业发展的基本条件是饲料,而肉用仔鸡的生产具有省饲料的特点,这可从几种畜、禽的料肉比(消耗多少千克饲料能生产1千克肉的比例叫料肉比)中看得很清楚。肉用仔鸡的料肉比为1.8～2：1,蛋鸡的料肉比为2.6：1,猪和兔的料肉比为3.1：1,肉牛的料肉比为5：1。随着肉用仔鸡早期生长速度的不断提高,因饲养周期缩短而带来的饲料转化率已突破2：1的大关,达到1.72～1.95：1的水平。由于饲料的支出占养鸡成本的70%左右,所以,饲料转化率愈高,则每千克产品的生产成本就愈低,由此带来的利润也愈大。难怪在国外的肉食品中肉鸡的价格最便宜。

### (四)单位设备的产出率高

与蛋鸡相比,肉用仔鸡喜安静,不好动,除了吃料饮水外,很少斗殴跳跃,特别是饲养后期由于体重迅速增加,活动量大减,虽然饲养密度随着鸡龄的增长而加大,但室内的空气污浊程度较低,只要有适当的通风换气条件,还可以加大饲养的密度,一般在厚垫料平养的情况下,每平方米可养12只左右,出栏重量为30～34千克/平方米。这比在同等体重、同样饲养方式下蛋鸡的饲养密度增加了一倍。也就是说,用同一生产设施生产的肉鸡,由于其密度大(也不能无限增大),所生产的肉鸡总重量也大,单位活重所承担的间接费用(固定资产房舍与设备等)就少,有利于降低生产成本。

### (五)劳动生产效率高

肉用仔鸡具有分散的本能,它不会密聚在一处,而是分散地生活,具有良好的群体适应能力,适宜于大群饲养。它可以笼养、网养和平面散养,在农村也可因地制宜,除房舍外,一般不需要特殊的设备。如平面散养每个劳力可以管理 1 500～2 000 只肉用仔鸡,全年可以饲养 7 500～10 000 只。如果在舍内安装几条料槽,采用链板式送料,饮水采用自动饮水器或自流水,就可以大大提高劳动生产效率,每个劳力可饲养 1 万～2 万只,国际水平为人均年产 10 万只。

## 二、肉用仔鸡的育雏

肉用仔鸡从雏鸡到出售,一般分为育雏期和育肥期两个阶段。育雏期一般是 3～4 周龄,在这个时期是给温期,也就是借助于供暖维持体温的生长初期;育肥期是从 3～4 周龄到出售(8 周龄左右),此期最重要的是以通风换气为主的饲养管理。

育雏和育肥一样,都是养鸡的关键时期,不管是肉用种鸡还是肉用仔鸡,其最佳生产力取决于幼雏生长初期的良好发育,只有满足了雏鸡舒适和健康的基本需要,才可能成功地培育出有高产潜力的后备种鸡或肉用商品仔鸡。

### (一)育雏的方式

为满足雏鸡舒适和健康的基本需要,育雏期间的基本条件就是安装有温度调节设施的鸡舍。尽管育雏方式有多种多样,但就其饲养方式来说,不外乎平面饲养和立体饲养两种。就其给温方式来说,归纳起来有三种类型:一是将热源安装在小鸡的上方(简称上方热源)一定的高度,通过辐射热使小鸡取暖,如保姆伞的加温方式;二是将热源安装在小鸡的下方或在地面以下（简称下方热源），热向上运动，通过传导和对流，使小鸡的腹部乃至全身获得温暖，如地下烟道育雏等方式；三是将热源安装在室内，通过加热室内空气使全室温度上升，如烧煤炉、鼓热风等。常见的育雏方式见表5-2。

**表5-2 常见的育雏和给温方式**

| 饲 养 方 式 | | 上方热源 | 下方热源 | 整室加温 |
|---|---|---|---|---|
| 平面饲养 | 地面平养 | 保姆伞、红外线、远红外 | 地下烟道、电热毯、地下暖管 | 煤 炉 |
| | 平面网上饲养 | | 地下烟道 | 热水管、鼓热风、煤炉 |
| 立体笼养饲养 | | | 地下烟道 | 热水管、鼓热风、煤炉 |

1.平面饲养　不同的饲养方式，各有利弊。地面平养由于设备投资少，简单易行，饲养者操作方便，便于观察，能较好地减少胸囊肿的发生，是目前国内外普遍采用的饲养方式。平面饲养的给温方式有如下几种。

（1）地下烟道　这种供热装置的热源来自雏鸡的下方，可使整个床面温暖，雏鸡在此平面上按照各自需要的温度自然而均匀地分布，在采食、饮水过程中互不干扰，小鸡排在床面上的粪便，水分可很快被蒸发而干燥，有利于降低球虫病的发病率。此外，这种地下供温装置散发的热首先到达小鸡的腹部，有利于雏鸡体内剩余卵黄的吸收。而且这种热气在向上散发的同时，可将室内的有害气体一起带向上方，即使打开育雏室上方窗户排除污浊气体，也不至于严重影响雏鸡的保温。这种热源装置大部分是采用砖瓦泥土结构，花钱少，在农村容易推广。人们在实践中对地下烟道地面育雏予以肯定，认为：

第一，由于土层可起缓冲热的作用，当火烧旺时，热量不会立即传导到地面，炉火熄灭时，土层也不会立即冷却。所以，床面的温度散发均匀，地面和垫料暖和。由于温度由地面上升，小鸡腹部受热较为舒适，有利于小鸡的健康，对预防雏鸡白痢病也有较好的效果。

第二，由于地面水分不断蒸发而使垫料保持干燥，湿度小，有利于控制球虫病的发生。

第三，节省能源。烧煤的成本要比用电成本低。而地下烟道要比煤炉育雏的煤耗量至少可节省 1/3。在开始升温时耗煤较多，一旦温度达到要求，其维持温度所需要的煤要少于其他供温方法。

第四，有利于保温和气体交换。由于没有煤炉加温时的煤烟味，大大提高了室内空气的新鲜程度。

第五，由于是加温地面，因此育雏室的实际利用面积扩大了，方便了饲养人员的饲养操作和对鸡群的观察。

第六，设备开支要比其他各种供温方式少。

由于有上述优点，这种地面育雏方式已被许多中、小型鸡场及较大规模的专业养鸡户所采用。在设计地下烟道时，烟道进口的口径要大些，走向出烟口应逐渐变小，而且烟道进口处要较低，出口处的位置应随着烟道的延长而逐渐升高，这样利于暖气流通和排烟。

（2）地下暖管　是在育雏室地坪下埋入循环管道，管道上铺盖导热材料，管道的循环长度和管道的间隔应根据育雏室大小的需要而设计，其热源可用暖气或工业废热水循环散热加温，后者可节省能源和降低育雏成本，较适于在工矿企业的鸡场采用。

采用地下暖管方式育雏的,大都在地面铺 10～15 厘米厚的垫料,多使用刨花、锯末、稻壳、切短的稻草,有的铺垫米糠(以后连鸡粪一起喂猪)。垫料一定要干燥、松软、无霉变,且长短适中。为防止垫料表面粪便结块,可适当地用耙齿将垫料抖动,使鸡粪落入下层,一般在肉鸡出场后将粪便与垫料一次性清除干净。

(3)保姆伞 其热源来自小鸡上方。它可用铁皮、铝皮或木板、纤维板,也可用钢筋骨架和布料制成伞形,热源可用电热丝、电热板,也可用液化石油气燃烧供热,伞内应有控温系统。在使用过程中,可按不同龄鸡对温度的不同要求来调整调节器的旋钮,伞的边缘离地高度相当于鸡背高的 2 倍,雏鸡能在保姆伞下自由活动,伞内装有功率不大的吸引灯日夜照明,以引诱幼雏集中靠近热源,一般经 3～5 天待雏鸡熟悉保姆伞后,即可撤去此吸引灯。在伞的外围应设有用苇席制成的护栏围成小圈,暂时隔成小群,随着日龄增长,围圈可由离保姆伞边缘 60 厘米逐渐扩大到 160 厘米,到 1 周左右可拆除。地面与上述两种育雏方式一样,也应铺垫料。保姆伞育雏的优点是,可以人工控制和调节温度,升温较快而且平稳,室内清洁,管理亦较方便。但要求室温在 15℃ 以上时保姆伞工作才能有间歇,否则因持续保持运转状态有损于它的使用寿命。保姆伞外围的温度,尤其在冬季和早春显然不利于雏鸡的采食、饮水等活动,因此,通常情况下需采用煤炉来维持室温。这样以两种热源方式的配合来调节育雏室内的温度,使保姆伞可以保持正常工作状态,而育雏室内又有温差(保姆伞内外),但不会过高或过低,有利于雏鸡的健康成长。这种方式育雏的效果相当好,已为不少鸡场所采用。

（4）红外线灯　使用红外线灯,可悬挂于离地面45厘米处,若室温低时,可降至离地面35厘米处,但要时常注意防止灯下局部温度过高而引燃垫料(如锯末等),以后则逐步将灯提升。据称,每盏250瓦的红外线灯保育的雏鸡数为:室温6℃时70只,12℃时80只,18℃时90只,室温达24℃时100只。采用此法育雏,在最初阶段最好也应用围篱将初生雏鸡限制在一定的范围之内。此法灯泡易损,而且耗电量亦大,费用支出多。

来自小鸡上方的热源,不管用不用反射罩,小鸡总是靠辐射热来取暖的,由于这种装置除了保温区外,辐射热很难到达保温区以外的地面,尤其在寒冷的冬季,如不采用煤炉辅助加温,而单靠上方热源加热,是很难提高室温的。小鸡始终挤在辐射热的保温区内,容易引起挤压死亡。

（5）煤炉　利用煤炉加热室温的方式也经常为不少养鸡户采用。煤炉可用铁皮制成,或用烤火炉改制。炉上应有铁板或铸铁制成的平面盖,炉身侧面上方留有出气孔,以便接通向室外排出煤气的通风管道。煤炉下部侧面(相对于出气孔的另一侧面)有一进气孔,应有用铁皮制成的调节板,由进气孔和出气管道构成吸风系统,由调节板调节进气量以控制炉温。炉管的散热过程就是对室内空气的加热过程,所以,在不妨碍饲养操作的情况下,炉管在室内应尽量长些,炉管由炉子到室外要逐步向上倾斜,到达室外后应折向上方且超过屋沿口为好,以利于煤气的排出。否则,有可能造成煤气倒逸,致使室内煤气浓度增大。煤炉升温较慢,降温也较慢,所以要及时根据室温添加煤炭和调节进风量,尽量不使室温忽高忽低。它适用于小范围的育雏。在较大范围的育雏室内,常常与保姆伞配合使用,如果单靠煤炉加温,尤其在冬季和早春,要消耗大量的煤炭,还往往达不到育雏所需要的温度。

(6)平面网上饲养的供温 平面网养可使鸡与粪便隔离,有利于控制球虫病。网眼大小一般不超过1.2厘米×1.2厘米,可用铁丝网或特制的塑料网板,也可用竹子制成网板。其加温方式可采用地下烟道式,也可采用煤炉、热气鼓风等方式整室加温。

2.立体饲养 立体饲养主要是笼养。育雏笼由笼架、笼体、食槽、水槽和承粪盘组成。笼的式样可按房舍的大小来设计,留出饲养人员操作的空间。一般笼架长为2米,高为1.5米,宽为0.5米,离地面30厘米,共分3层,各层高40厘米,各层可安放4组笼具,上下笼之间应留有10厘米的空隙放承粪盘。笼底可用铁丝制成网眼不超过1.2厘米×1.2厘米的底板。笼养的育雏室内,加温的办法较多,可用暖气管、热水管加热;也可用地下烟道或室内煤炉加温。笼养的好处在于:①有效地提高鸡舍面积的利用率,增加饲养的密度。②节省垫料和热能,降低生产成本。③提高劳动生产率。④有利于控制球虫病的发生和蔓延。但笼养(含地面网养)使肉用仔鸡的腿病和胸囊肿的比率增加,为减轻这些弊病,近年来又生产了具有弹性的塑料笼底。我国已有不少厂家生产定型的笼养设备,如无锡山北吸塑厂生产的全塑育雏笼,上海生产的9YCH远红外育雏器等。国外已研制成从初生雏直到出场都饲养在同一笼内的塑料鸡笼,出售时连笼带鸡一起装去屠宰场,宰杀后将鸡笼严格消毒后再返回,这样可大大节省劳力。

育雏的方式,在生产中多种多样,如"先地后笼",即育雏时期在地面,育肥时期上笼,这样育雏室面积可缩小,有利于保温,到育肥期,鸡体增大,饲养面积要扩大。此时亦是球虫病易发时期,所以这时上笼既可缩小占用房舍建筑面积,提高房舍的利用率,还可节省垫料和减少球虫病的威胁。

也有的专业户利用夏天的温暖气候(尤其在南方)采用棚舍结合的办法,在舍内育雏,中雏后移至大棚中饲养。由于大棚结构简单,房顶可用石棉波形瓦和油毡等铺盖,棚的四周可用铁丝网或竹篱笆围起,早春时可覆盖塑料薄膜保温,这样可以就地取材,投资少,见效快。

在使用能源方面,群众中亦有不少创造,如江苏省有的农村利用锯末作燃料,用大型油桶制成似吸风装置的煤炉,在装填锯末时,在炉子中心先放一圆柱体,然后将锯末填实四周,压紧后将圆柱体拔出,使进风口到出气管道形成吸风回路,然后在进风口处引燃锯末,关小进风口让其自燃。这样发热均匀,可以解决能源比较紧张地区的燃料困难,也节省开支。使用这种锯屑炉的关键是要将锯末填实,否则锯末塌陷易熄火。

不论何种饲养方式,肉用仔鸡都要采用全进全出的生产方式,即每幢鸡舍应饲养同一批的肉用仔鸡,也就是说在同一天进雏,到达上市体重时应基本上在同一天出售。这样处理的目的是,使鸡舍能有 7~14 天的空舍时间,可以对全部养鸡设施作彻底的消毒处理,同时也完全中断了各种疫病的循环传播环节,由此而带来的是,每批雏鸡的育雏都可以有一个"清洁的开端"。

## (二)雏鸡的饲养与管理

育雏期是肉用仔鸡整个饲养过程中的一个关键阶段。在了解肉用仔鸡的生理特点、生活习性和营养需要的基础上,就能自如地做好接雏前的准备工作,为雏鸡创造一个良好的环境,给予周到的护理,使肉用仔鸡能按预期的目标增重,以提高经济效益。

1.饲养的基本条件 见表5-3。

表5-3 肉用仔鸡饲养的基本条件

| 基本条件 | 具 体 要 求 |
| --- | --- |
| 饲养密度 | 初生雏 40～50 只/米²,1 周龄 30 只/米²,2 周龄 25 只/米²,3 周龄 20 只/米²,5 周龄 18 只/米²,6 周龄 15 只/米²,8 周龄 12～10 只/米²,出售前 30～34 千克/米² |
| 饲 槽 | 第一周每 100 只雏鸡需要 1 个饲料盘或每 100 只雏鸡需要 3 米长两边可用的饲料槽,每鸡槽位约 6 厘米。每 100 只鸡 2 个圆形吊桶 |
| 饮水器 | 每 100 只雏鸡需 4 升容量的饮水器 1 个,如用水槽,则每只鸡占位 2 厘米 |
| 保姆伞 | 每个 2 米直径的保姆伞可容纳 500 只雏鸡 |
| 围 篱 | 高度 45～50 厘米,随鸡龄增大及季节变化,放置于保姆伞边缘 60～160 厘米处 |

2.进雏前的准备工作

(1)饲养计划的安排 应根据鸡舍面积,并考虑是同一鸡舍既作育雏又作育肥用,还是育雏与育肥分段养于不同鸡舍,然后按照饲养密度计算可能的饲养数量,根据饲养周期的长短,确定全年周转的批次。订购雏鸡应选择鸡种来源质量可靠的单位,在饲养前数月预订,以保证按商定的日期准时提货。

(2)饲料的准备 为了满足肉用仔鸡快速生长的需要,应按照有关饲料配方配置全价饲料(详见第六章《肉鸡的营养与饲料》)。有关公司都有肉用仔鸡的饲粮营养标准,如某肉用仔鸡的饲粮营养标准,见表 5-4。

表 5-4　某肉用仔鸡饲粮营养标准

| 营　养　指　标 | 1～4 周 | 5～8 周 |
|---|---|---|
| 代谢能(兆焦/千克) | 12.93 | 13.39 |
| 粗蛋白质(%) | 23 | 20 |
| 钙　　　(%) | 1.0 | 1.0 |
| 磷(可利用磷)(%) | 0.4 | 0.4 |
| 粗脂肪　(%) | 3～5 | 3～5 |
| 粗纤维　(%) | 2～3 | 2～3 |
| 赖氨酸　(%) | 1.20 | 1.00 |
| 蛋氨酸　(%) | 0.47 | 0.40 |
| 胱氨酸　(%) | 0.37 | 0.32 |
| 蛋氨酸＋胱氨酸(%) | 0.84 | 0.72 |
| 色氨酸　(%) | 0.23 | 0.20 |

　　我国有些地区限于饲料资源,饲粮中的能量、蛋白质水平达不到高标准,也可采用较低能量和蛋白质水平的饲粮,其配方见表 5-5。

表 5-5　肉用仔鸡饲料配方 （%）

| 饲料与指标 | | 1～4 周 | | | 5 周到出栏 | | |
|---|---|---|---|---|---|---|---|
| | | 配方 1 | 配方 2 | 配方 3 | 配方 4 | 配方 5 | 配方 6 |
| 选用原料 | 玉　　米 | 54.5 | 56.5 | 58.0 | 55.0 | 59.0 | 68.0 |
| | 麦　　麸 | 8.2 | 7.2 | 6.7 | 5.5 | | 3.5 |
| | 米　　糠 | — | — | — | 4.7 | | |
| | 碎小麦 | 5.0 | 5.0 | 3.0 | — | 8.0 | |
| | 油　　脂 | — | — | — | 3.0 | 3.0 | |
| | 大豆饼 | 25.0 | 16.0 | 15.0 | 18.5 | 20.7 | 18.2 |
| | 棉子饼 | — | 5.0 | — | 3.5 | | |
| | 菜子饼 | — | — | 5.0 | — | | |
| | 鱼　　粉 | 5.0 | 8.0 | 10.0 | 7.5 | 7.0 | 8.0 |
| | 骨　　粉 | 1.5 | 1.5 | 1.5 | 1.5 | 1.5 | 1.5 |
| | 添加剂* | 0.5 | 0.5 | 0.5 | 0.5 | 0.5 | 0.5 |
| | 盐 | 0.3 | 0.3 | 0.3 | 0.3 | 0.3 | 0.3 |
| | 合　　计 | 100.0 | 100.0 | 100.0 | 100.0 | 100.0 | 100.0 |
| 营养指标 | 代谢能（兆焦/千克） | 12.13 | 12.13 | 12.18 | 12.64 | 12.64 | 12.64 |
| | 粗蛋白质 | 20.20 | 19.90 | 20.60 | 19.60 | 19.20 | 19.00 |
| | 粗纤维 | 3.40 | 4.00 | 3.90 | 4.00 | 2.53 | 2.72 |
| | 钙 | 0.88 | 0.97 | 1.06 | 0.96 | 0.93 | 0.97 |
| | 磷 | 0.32 | 0.34 | 0.36 | 0.34 | 0.34 | 0.34 |
| | 赖氨酸 | 1.09 | 1.03 | 1.14 | 1.07 | 1.04 | 1.03 |
| | 蛋氨酸 | 0.79 | 0.86 | 0.79 | 0.65 | 0.61 | 0.65 |

* 添加剂由复合维生素、微量元素和蛋氨酸组成

　　一般专门化品系的肉用仔鸡，都有每周龄消耗饲料量的标准。如海布罗肉用仔鸡每周的饲料消耗量，见表 5-6。

　　如果自行配制饲料，根据饲料配方、每周的饲料消耗量及饲养量，可以大致计算出每种饲料的需要量。如果购买市售配

合饲料,必须了解配合饲料的能量与蛋白质的含量以及配合饲料的质量,谨防购进假冒鱼粉、伪劣饲料和发霉变质饲料。

**表 5-6　海布罗肉用仔鸡饲料消耗量**

| 周　龄 | 每 1000 只鸡的饲料量(千克) | | |
| --- | --- | --- | --- |
| | 天 | 周 | 累计 |
| 1 | 13 | 91 | 91 |
| 2 | 41 | 287 | 378 |
| 3 | 68 | 476 | 854 |
| 4 | 89 | 623 | 1477 |
| 5 | 108 | 756 | 2233 |
| 6 | 118 | 826 | 3059 |
| 7 | 134 | 938 | 3997 |
| 8 | 150 | 1050 | 5047 |
| 9 | 164 | 1148 | 6195 |

(3)育雏室及用具的准备　肉用仔鸡的饲养,为时极其短暂,不论何种饲养方式都处于大群密集的状态,因此,一旦病菌侵入,其传播速度是极其快的,往往会引起全群发病,一般至少会降低生长速度 15%～30%,严重者则造成死亡,导致经济亏损。所以,饲养肉用仔鸡必须严格隔离,而且在每批肉鸡出售后,必须立即清除鸡粪、垫料等污物。由于残留污物会降低消毒药物的效力,所以消毒前要用水洗刷,特别是饲养室地面、墙壁、门窗、用具上残存的粪迹,有动力喷雾器的,可用来冲刷。室内墙壁可用 10% 的生石灰乳刷白,地面可用煤酚皂或其他消毒剂消毒,同时,将所有用具,如饮水器、食槽、开食盘、耙齿、锹、秤、水桶等用 3% 来苏儿液浸泡消毒,再用清水冲洗干净,晒干备用。在此基础上,检查和维修好所有的设备,并将上述用具及备用物品、垫料、保姆伞、煤炉及其管道、

围栏、灯泡、温度计、扫把、雏鸡箱等密封在育雏室内(要用纸条封住缝隙),按每立方米用 42 毫升福尔马林和 21 克高锰酸钾的比例计算好用量进行熏蒸消毒\*。

育雏室门口要配备消毒池,进出育雏室和鸡舍要更换衣、帽、鞋,饲养人员可用 0.1% 新洁尔灭溶液洗手消毒。

(4)试温　雏鸡进舍前 2～3 天,育雏室、保姆伞和保温装置要进行温度调试,检查一切设施运转是否正常,以免日后正式使用时经常出现故障而影响生产。由于墙壁、地面都要吸收热量,所以,必须在雏鸡入舍前 36 小时将育雏室升温(尤其在冬季更是如此),使整个房舍内的温度均衡。

(5)垫料等用具的安放　进雏前先铺 5 厘米厚的垫料,垫料要求干燥、清洁、柔软、吸水性强、无尖硬杂物,切忌霉烂结块。全部用具应各就各位,在保姆伞周围按图 5-1 所示,间隔安置饮水器与开食盘。

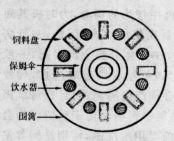

饲料盘——

保姆伞——

饮水器——

围篱——

**图 5-1　围篱内的器具摆置**

### 3.雏鸡的饲养

(1)雏鸡的运输与安置　运雏鸡最好用专门的运雏箱,其规格见表5-7。运雏箱的四周和顶盖上有许多直径 2 厘米的通气孔,箱内还有分格。农户养鸡的也可用 20～25 厘米

---

\* 密封后,在地面可适当洒水,以提高空气湿度,增强福尔马林的消毒作用。然后在适当的容器内,先倒入少量水,接着将计算好的福尔马林倒入,再倒入高锰酸钾,随即关门。为节省开支,也可不加高锰酸钾而用火加热,使福尔马林在短时间内蒸发,但要防止失火!在密封 1 天后,打开门窗换气。

的矮纸箱,纸箱四周要打些气孔,或用柳条筐、草窝等仿制成运雏箱,内铺 2～3 厘米厚的软垫料,既保温又透气。运雏数约占箱子面积的一半即可,以免拥挤压死。夏天装雏密度要小些,箱外要用被单覆盖、围好(尤其在顶风处),以免运输途中冷风直灌箱内,并要随身携带防雨用具。天冷时要准备棉被或毯子覆盖。途中要细心,勤检查雏鸡动态,看有无倒筐、错筐;听声音,当雏鸡发出"唧、唧、唧"的微呼声,说明冷了,赶紧加盖棉被,听到其他异常声音也要打开看看,如见张口喘息,赶紧错开点缝隙以便换气。车辆要慢行,走平路,防止摇晃振动和倾斜。

表 5-7 运雏箱的一般规格

| 规格长×宽×高(厘米) | 容纳雏鸡数(只) |
| --- | --- |
| 15×13×18 | 12 |
| 30×23×18 | 25 |
| 45×30×18 | 50 |
| 50×35×18 | 80 |
| 60×45×18 | 100(常用) |
| 120×60×18 | 200 |

运输时间,早春、冬季宜在中午,夏季应在早晨或傍晚进行。路途远的单位应提前 1 天到接雏场接运,争取在雏鸡出壳后的 24～36 小时以前接到饲养单位。

雏鸡到达目的地后,应迅速搬进育雏室,最好能按强弱分群,将弱雏放在室内温度较高的地方饲养。强弱雏的大致标准是:健雏富有活力,活泼好动,手握时挣扎力强,叫声清脆,反应灵敏,眼大有神,腿脚结实,胫部光泽油亮,脐部收缩良好、无出血痕迹,腹部柔软,绒羽整洁致密。弱雏嗜睡,脚无力,眼无神,手握时无力挣扎,叫声微弱,活力差,脐部收缩不好,腹部膨胀,绒羽污秽、蓬松,畏寒,食欲差。

长途运输后的雏鸡,也可及时滴灌药水(由 0.05 克土霉素 1 片,0.05 克氯霉素 1 片,加温水 10 毫升配成),每只鸡用眼药水瓶滴灌 2～3 滴,每灌 1 滴,都要等它咽下去后再灌。滴灌的好处在于:①补充初生雏鸡体内的水分,防止失水。②有助于初生雏鸡排出胎粪,增进食欲。③有助于吸收体内剩余的卵黄,促进新陈代谢。④预防疾病。

(2)饮水 必须让雏鸡迅速学会饮水,最好在雏鸡出壳后 24 小时内就给予饮水。由于初生雏鸡从较高温度和湿度的孵化器中出来,又在出雏室内停留,加上途中运输,其体内丧失的水分较多,所以,适时地饮水可补充雏鸡生理上所需要的水分,有助于促进雏鸡的食欲,软化饲料,帮助消化与吸收,促进胎粪的排出。鸡体内含有 75% 左右的水分,在体温调节、呼吸、散热等代谢过程中起着重要作用,产生的废物如尿酸等也要由水携带排出。延迟给雏鸡饮水会使其脱水、虚弱,而虚弱的雏鸡就不可能很快学会饮水和吃食,最终生长发育受阻,增重缓慢,变为长不大的"僵鸡"。

初生雏第一次饮水称为"开水",一般"开水"应在"开食"之前。雏鸡出壳后不久即可饮水,在雏鸡入舍安顿好后,稍事休息,在 3 小时内可让其饮 5% 葡萄糖和 0.1% 维生素 C 的溶液,亦可饮用 ORS 补液盐(即 1 000 毫升水中溶有氯化钠 3.5 克,氯化钾 1.5 克,碳酸氢钠 2.5 克及葡萄糖 20 克),以增强鸡的体质,缓解运输途中引起的应激,促进体内有害物质的排泄。有材料表明,这种"糖水"供足 15 小时,可降低第一周内雏鸡的死亡率。在第二周内宜饮温开水,可按规定浓度加入青霉素或高锰酸钾,有利于对一些疾病的控制。

　　为了保证"开水"的成功,若 1 个育雏器(如保姆伞)饲育 500 只雏鸡,在最初 1 周内应配置 10 只以上的小号饮水器,放置于紧挨保姆伞边缘的垫料上。为防止垫料进入饮水器的槽内而堵塞出水孔,在饮水器下面可放置旧报纸,雏鸡可站在旧报纸上饮水。随着鸡龄的增大,撤去报纸,用砖头等垫在下方。饮水器放置的高度与食槽一样,应逐步升高,其沿口应比鸡背高出 2 厘米(图 5-2)。在撤换小号饮水器或其他饮水器时,应先保留部分以前用过的小号饮水器,逐步撤换。另外,要注意饮水器的使用状况,避免发生故障而弄湿垫草,酿成氨气浓度升高和诱发球虫病及其他细菌性疾病。为保证"开水"的成功,除应配置较多的饮水器外,还可以增大在"开水"期间的光照强度(见本章《雏鸡的管理》正确用光部分)。

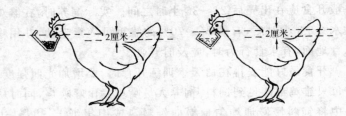

**图 5-2　饲料槽及饮水器的安放高度**

　　在通常的情况下,肉鸡的饮水量是其采食量的 1～2 倍。如塔特姆肉鸡的饮水量,见表 5-8。

表 5-8　塔特姆肉鸡各周龄每日的饮水量及采食量

| 周　　　龄 | 1 | 2 | 3 | 4 | 5 | 6 | 7 | 8 | 9 |
|---|---|---|---|---|---|---|---|---|---|
| 水(升/1000 只) | 34 | 53 | 76 | 95 | 121 | 151 | 178 | 204 | 219 |
| 料(千克/1000 只) | 16 | 35 | 42 | 62 | 84 | 93 | 140 | 153 | 181 |

雏鸡生长愈快,需水量亦愈多,肉鸡的饮水量如果突然下降,往往是发生问题的预兆。所以,如能每天记载肉鸡的饮水量,监测它的变化情况,有助于早期发现鸡群可能发生的病态变化。

雏鸡一旦饮水以后,不应再断水。要检查饮水器出水孔处有无垫料等异物堵塞,以免造成断水。如果断水时间较长,当雏鸡再看见水后,由于口渴狂饮,喝水过多会造成腹泻致死。也有的拼命争水喝而弄湿了绒羽,雏鸡觉得冷了又挤在一起,结果由于忽冷忽热和挤压,易造成死亡或引发疾病。

(3)开食 "开食"和"开水"一样,是雏鸡饲养中的一个关键过程。开食的早晚,直接影响初生雏鸡的食欲、消化和生长发育。雏鸡消化器官容积小,消化能力差,过早开食有害于消化器官,但由于雏鸡生长速度快,新陈代谢旺盛,过晚开食又会消耗尽雏鸡的体力,使之变得虚弱,影响生长和成活。所以,一般开食应在出壳后 24~36 小时之间。实际饲养时,在雏鸡饮水 2~3 小时后,有 60%~70% 的雏鸡可随意走动,并用喙啄食地面,有求食行为时,应及时开食。

开食最好能安排在白天。训练开食时,要增加光照强度,使每只雏鸡都能见到饲料。饲养人员嘴里发出呼唤声,同时从手中将饲料慢慢地均匀地撒向饲料盘或旧报纸上,边撒、边唤,诱鸡吃食,开始有几只雏鸡跑来抢吃,随后多数雏鸡跟着来吃食。此时,饲养人员要注意观察,将靠在边上不吃食的雏鸡捉到抢食吃的雏鸡中间去,这样不会吃食的鸡也慢慢地学会吃食了。每次饲喂时间 30 分钟左右,检查雏鸡的嗉囊约有八成饱后可停止撒料,减少光照强度使之变暗,或挡上窗帘,使雏鸡休息。以后每隔 1~2 小时再喂 1 次。这样,在当天就可全部学会啄食。一般 3 日龄内,每隔 2 小时喂 1 次,夜间可停食 4~5 小时。3 日龄后可逐渐减少,但每天喂料不少于 6

次。有条件的可采用破碎的颗粒饲料,既可刺激鸡的食欲,而且还保证了全价营养,减少饲料浪费。以后则开始正常的饲喂。第一天的开食尽量使雏鸡都能学会啄食,吃到半饱,否则将影响其生长和发育及群体的整齐度。个别不吃食的鸡,还要进行调教,有病的要喂给含有土霉素、氯霉素的药水,同时可增加 5%葡萄糖水滴灌。为控制白痢的发生,可在饲料中添加 0.2%土霉素和 0.04%的痢特灵(必须充分拌匀),或用恩诺沙星 50ppm 饮水 5～7 天。

从第二、三天开始,间断往饲料槽内加饲料,以吸引雏鸡逐渐适应在饲料槽采食,同时,逐步撤去饲料盘,1 周内至少还得保留 1～2 个饲料浅盘。以后所用食槽的数量可参照饲养的基本条件的要求安排,以充分满足肉鸡采食的需要。

4.雏鸡的管理

(1)合适的温度 雏鸡要长到 15～20 日龄,其体内温度调节机能发育逐趋完善之后,才能保持体温处在恒定的状态,如果此前保温设施达不到雏鸡对外界温度的要求,雏鸡不但不能正常生长,而且也难于存活。

刚出壳的雏鸡,腹部还残留着尚未被吸收的蛋黄,在出壳后 3～7 天内其所需的营养主要来自这些剩余蛋黄,如果雏鸡腹部得到适宜的温度,将有助于剩余蛋黄的吸收,从而增强雏鸡的体质,提高成活率,尤其在孵化不良而弱雏较多的情况下,提高育雏的温度更有好处。

鉴于以上缘由,保持合适的温度乃是育雏的关键。育雏的温度包括育雏室和育雏器的温度,而室温比育雏器的温度要低,这样就形成一定的温差,使空气发生对流。比较理想的育雏环境温度应有高、中、低之别。如以保姆伞育雏而言,其室温低于伞边缘,而伞边缘又低于伞内,这样由于温差的原因,促使空气对流,也使雏鸡能自由选择适合自己需要的温度,虚弱的雏鸡可以选择温度较高的地方。

育雏的温度,大多认为在入雏头 1 周内的温度最重要,尤其是头 3 日的温度可稍稍定得高些。采用保姆伞育雏时,伞内的温度第一周为 35～32℃。室内远离热源处应保持在 21～26℃。测温应在保姆伞的边缘距垫料 5 厘米高处,也就是相当于雏鸡背部水平的地方,用温度计测量。测量室温的温度计应挂在距离保姆伞较远的墙上,高出垫料 1 米处。随着周龄的增长,育雏温度可按每周下降 3℃进行调整,直到伞温与室温相同为止。在整个育雏期间,必须给雏鸡创造一个平稳、合适、逐渐过渡的环境温度,切忌温度忽高忽低。育雏期内各周比较合适的温度见表 5-9。

表 5-9　育　雏　温　度

| 周龄 | 育雏器温度(℃) | 室内温度(℃) |
|------|---------------|-------------|
| 0～1 | 35～32 | 24 |
| 1～2 | 32～29 | 24～21 |
| 2～3 | 29～27 | 21～18 |
| 3～4 | 27～24 | 18～16 |
| 4 周以后 | 21 | 16 |

育雏期间所采用的温度,应随季节、气候、育雏器种类、雏鸡体质等情况灵活掌握。如夜间外界温度低,雏鸡休息睡眠时育雏器的温度应比白天提高 1℃;外界气温高时,育雏器温度可稍低些,天气冷时稍高些;弱雏多时应高些;有疾病时应高些;冬季宜高些,夏季宜低些,阴雨天宜高些,晴天宜低些。

从育雏的第一周龄起,应用竹篾或芦席等做成高 45～50厘米的围篱沿着保姆伞周围围起来,防止刚出壳的雏鸡远离热源不知返回而受凉,使之局限在保温区域,容易采食和饮水。围篱与保姆伞边缘之间的距离,一般夏季为90厘米,冬季为70厘米,待雏鸡习惯到热源处取暖后,就可以将围篱的范围逐渐向外扩展,使雏鸡有更大的活动场所,一般在3天后开始扩大,到6～9天就可以拆除围篱。使用其他热源的也要以热源为中心适当地将雏鸡围起来(如热源为煤炉,则应将煤炉周围用砖砌起来,防止雏鸡进入煤炉附近而烧焦),尤其是房屋的死角处,要用围篱靠墙壁边缘围起来,消灭死角,以免雏鸡在死角处拥挤堆压而死。

保姆伞一般都附有温度调节器,为保证其正常工作,在饲育雏鸡之前,先检查其性能。育雏期间各周龄要求的合适温度范围都已列于表5-9中,室内又有温度计指示,但温度计有时会失灵,再加之鸡群本身情况及环境变化多端,因此,完全依赖温度计来判断育雏的用温是否正确是不行的,还应该根据雏鸡的动态来判断用温是否合适,尤其是观察其睡眠状态。温度适宜时,雏鸡精神活泼,食欲良好,夜间均匀散布在育雏器(热源)的四周,舒展身体,头颈伸直,贴伏于地面熟睡,无特异状态和不安的叫声,鸡舍极其安静。温度低时,雏鸡聚集在一起或靠近热源,叫声尖而短,拥挤成堆,喂料时鸡群不敢走出采食。温度高时,雏鸡远离热源,张口喘气,大量饮水,脚、嘴充血发红。如果育雏室有贼风时,雏鸡挤在背风的热源一侧。雏鸡对室内温度是否合适的反应状态,见图5-3。

当室外温度很低,室内热源散发的余热又不可能使育雏室内维持足够高的温度而致使雏鸡感到不舒适时,可采用紧靠围篱外边沿,从近天花板处吊挂塑料薄膜帘子到接近地面处的办法,将幼雏时期使用的房舍面积缩小;也可将热源置于鸡舍的中间,让两端空着。这样缩小了育雏的空间,既可提高

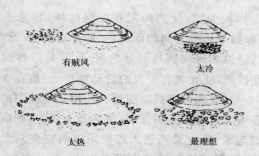

有贼风　　　　　　　　　　太冷

太热　　　　　　　　　　最理想

**图 5-3　依雏鸡分布情况判断温度是否适当**

局部空间的温度,也可减少燃料的消耗。

　　保证育雏所需的温度,还必须使温度恒定,不能忽高忽低。强调保温时,决不能忽视空气的流通,保持室内空气新鲜,饲养人员可凭感觉测定,进入鸡舍闻到刺鼻的氨味或浓厚的碳酸气味时,应打开门窗更换空气,但不能使冷风直接吹到雏鸡身上,应使风通过各种屏障减慢流速,特别要注意那些雏鸡不经常活动的地方和门、窗下,检查有无漏风,检查时用手测定,若有漏风可感觉有冷风吹入。漏风的地方必须及时堵塞,以防雏鸡发生感冒等呼吸道疾患。

　　除做好雏鸡早期的保温外,幼雏转入中雏前,还要做好后期的脱温工作。所谓脱温,就是逐步停止加温。脱温的适当时期与季节有关,春季育雏 1 个月左右脱温;夏季育雏只要早晚加温 4～5 天,就可以脱温;秋季育雏一般 2 周左右脱温;冬季育雏脱温较迟,至少要一个半月,特别是在严寒季节,鸡舍结构比较差的,要生炉子适当提高室温,加厚垫草,但加温不必太高,只要鸡不因寒冷蜷缩就可以了。需要脱温时,要逐步降低温度,最初白天不给温,晚上给温,经 5～7 天后雏鸡逐渐习惯于自然室温,这时可完全不加温。千万不可把温度降得过快,温度的突然变化,容易诱发雏鸡的呼吸道疾病。

（2）通风换气　通风换气的作用是使育雏室内污浊空气排出，换入新鲜空气，并调节室内的温度和湿度。

幼雏虽小，但生长发育迅速，代谢旺盛，呼吸量大，加之密集饲养，群大，呼出的二氧化碳，粪便污染的垫草在加温的育雏室内发出的氨气和其他有害气体，使空气污浊，它对雏鸡生长发育不利。试验表明：育雏室内二氧化碳超过 3 000 ppm，氨气超过 20 ppm，硫化氢超过 10 ppm，都会刺激雏鸡的气管、支气管粘膜等敏感器官，削弱机体抵抗力，诱发呼吸道疾病。除此以外，大群雏鸡的生命活动中还需要不断地吸入新鲜的氧气，所以，在保持育雏室温度的同时，千万不能忽视通风换气。有些鸡场为了保持室内温度，室内用煤炉或是木炭火加温，所有门窗都紧闭，门口还用棉毯挡住，由于晚间工作量少，工作人员通过门口次数减少，在这样一个封闭的室内，煤或木炭燃烧时耗去了不少氧气，经过一个晚上，不少雏鸡跌跌撞撞、东倒西歪，有的雏鸡已窒息而死。这是因为紧闭了一个晚上室内氧气不足，加之又有污浊的气体，致使不少雏鸡死亡。还有的为了提高室内的温度而将炉盖打开，炉筒失去作用，结果煤炭燃烧时产生的一氧化碳全部留在室内，造成煤气中毒事故。

在通风问题上切忌贼风和穿堂风，避免风直接吹到雏鸡身上，应使风通过各种屏障减慢流速。如果育雏室有南北气窗（即在窗户的上方有两扇可以自由开启的小窗户），那么在开气窗时要注意风向。冬天西北风大，北边气窗应关闭，在开南面气窗时，将西边一侧的窗打开，其窗面正好挡住西边的风，不致让风直灌室内。在中午，外界气温上升、风小时，可打开北边气窗，以加快空气流通，但时间不能过长，风力不能太大。没有气窗的，可将窗户上部的玻璃取下一块，用绞链连接一个活动的小窗户,用于通风换气。另外,也可在天花板上开几个排气孔或"老虎窗",使浑浊的空气从室顶排出。如果室内是用塑料薄膜隔开的,最好在安装塑料薄膜时能分成上下两截,上方一块高度在 80～100 厘米,它覆盖在下方一块塑料薄膜上,下方一块塑料薄膜的顶端离开天花板约有 60 厘米,上下两块塑料薄膜可重叠 20～40 厘米,当要通风换气时,可以先提高室温,再移动上方一块塑料薄膜。这样换气,就是有风也不会直接吹到雏鸡身上。

(3)适宜的湿度 湿度大小对雏鸡的生长发育关系很大。雏鸡从相对湿度 70% 的出雏器中孵出,如果随即转入干燥的育雏室内,由于雏鸡体内的水分散失过大,对腹中剩余蛋黄的吸收不利,饮水过多又容易引起下痢;湿度过低又招致雏鸡脱水,脚爪干瘪。所以,在育雏的头 10 天内可用水盘或水壶放在火炉上烧水,或在墙上喷水以补充室内水分。保持室内相对湿度在 60%～65%。随着日龄的增长,雏鸡的呼吸量和排粪量也随之增加,育雏室内容易潮湿,因此,要注意不让水溢出饮水器,加强通风换气,勤换或勤添加干垫料,使其充分吸收湿气。还可以在垫料中添加过磷酸钙,其用量为每平方米 0.1 千克。

此外,在建造鸡舍时,应考虑选择高燥的地势,并适当加高室内地坪。室内湿度过大,就为病菌和虫卵的繁殖创造了条件,常见的有曲霉菌病和球虫病,它们就是在潮湿的饲养环境下发生的,特别在梅雨季节里更应注意保持室内干燥。

(4)正确用光 肉用仔鸡在育雏期间的光照来源于两个方面,一是阳光,二是灯光。阳光中的紫外线不仅能促进雏鸡的消化,增进健康,还可以帮助形成维生素 $D_3$,有利于钙磷的吸收和骨骼的生长,防止佝偻病和软脚病的发生。此外,阳光还有杀菌、消毒以及保持室内温暖干燥的作用。由于阳光中的紫外线往往被玻璃窗阻挡不易透入，所以，一般在雏鸡出壳4～5天后，在无风、温暖的中午可适当开窗，使雏鸡晒晒太阳，到7日龄时，在天气晴朗无风时，可放到室外运动场活动15～30分钟，以后逐渐延长活动时间。这样做更适宜于种用雏鸡。放雏鸡到室外之前，一定要先将窗户打开，逐渐降低室温，待室内外温度相差不大时，才能放出，以防受凉感冒。

正确的用光，还要有灯光的配合，包括光照时间和光照强度两个方面。

现代养肉鸡通常每天光照23小时，有1小时黑暗是为了使雏鸡习惯于黑暗环境下生活，不至于因偶然停电灭灯而惊慌造成损失。一般户养肉用仔鸡的光照时间，每天也不应少于20小时。

关于光照强度，刚出壳头3天的幼雏，视力弱，为保证其采食和饮水，光照稍明亮些为好，每平方米2.5～3瓦，以后的光照强度逐渐减弱，保持在每平方米1～1.5瓦就够了。光照过强会引起雏鸡烦躁不安，易惊慌，增重慢，耗料多。

至于作为肉用种鸡雏的用光，应按第四章《种鸡的光照管理》中叙述的用光办法去做。

（5）合理的密度　饲养雏鸡的数量应根据育雏室的面积来确定。切忌密度过大，否则会影响鸡舍的卫生条件，造成湿度过大，空气污浊，雏鸡活动受到限制，容易发生啄癖，生长不良，增加死亡率。密度过小，则不能充分利用人力和设备条件，会降低鸡舍的周转率和劳动生产率。

雏鸡的密度大小与鸡舍的构造、育雏的季节、通风条件、饲养管理的技术水平等都有很大关系，随着雏鸡日龄的增长，每只鸡所占的地面面积也应相应增加。一般的育雏密度可参照表5-10所列的数据。

表 5-10　肉用仔鸡的饲养密度　（只/米²）

| 周龄 | 育雏室（平面） | 育肥鸡舍（平面） | 立体笼饲密度 | 技术措施 |
|---|---|---|---|---|
| 0～2 | 40～25 | | 60～50 | 强弱分群 |
| 3～5 | 20～18 | | 42～34 | 公母分群 |
| 6～8 | 15～10 | 12～10 | 30～24 | 大小分群 |
| 出售前 | | 体重 30～34 千克/米² | | |

（6）垫料　铺放垫料除了可吸收水分,使鸡粪干燥外,还可防止鸡胸部与坚硬的地面接触而发生囊肿。所以,垫料必须具有干燥、松软和吸水性强的特点。常用的有切短的稻草、木屑、稻壳、刨花和碾碎的玉米芯等。据有关材料统计,用刨花作垫料的肉用仔鸡胸囊肿发生率为 7.5%,用细锯屑的胸囊肿发生率为 10%。所以在选用垫料时应尽量按干燥、松软、吸水性强的要求来选。陈旧的锯屑由于含水量高,霉菌较多,不宜使用;新的锯屑的含水量往往很高,必须在太阳下翻晒干燥后再用。垫料铺放要有一定的厚度,一般不少于 5 厘米。饲养期间,应定期抖松垫料,使鸡粪落入底层,防止面上结块。在逐步添加垫料时,应将潮湿结块的垫料及时更换出去,在炎热的天气更要重视垫料问题。热天多饮的水绝大部分通过粪便排出后存积在垫料中,此时必须加强通风换气。也可在垫料中按每平方米添加过磷酸钙 0.1 千克来吸湿。否则由于高湿引起垫料发酵,产生高热及氨气等将影响鸡群的正常生长。

有些农户在中雏后利用松软的沙地地面养育肉用仔鸡,每天用扫帚或细齿耙搂,扫除粪便,防止板结,但这只在温暖、干燥的季节适用。

（7）分群饲养　肉用仔鸡按强弱、公母、大小分群管理,这有利于所有的仔鸡吃饱、喝足,生长一致。检查弱雏可在每天喂料时观察,凡被挤出吃食圈外的,或呆立在外不食的,均应捉出分在另外一个圈内,给予充足的饲槽和水盆,进行精心喂养。

公母肉用仔鸡生长速度不一样,日龄越大,差别越明显,如能分群饲养,可以提高经济效益(详见本章《肉用仔鸡的公母分开饲养》部分)。

(8)减少胸囊肿的发生率  胸部囊肿是肉用仔鸡的常见疾病,它是由于鸡的龙骨承受全身的压力,表面受到刺激和摩擦,继而发生皮质硬化,形成囊状组织,其里面逐渐积累一些粘稠的渗出液,呈水泡状,颜色由浅变深。其发生原因是由于肉用仔鸡早期生长快、体重大,在胸部羽毛未长出或正在生长的时候,鸡只较长时间卧伏在地,胸部与结块的或潮湿的垫草接触摩擦而引起的。为防止和减少其发生率,可采取下述措施。

其一,尽可能保持垫料的干燥、松软,有足够的厚度,定期抖松垫料,使鸡粪下沉到垫料下部,防止垫料板结,如有潮湿结块的垫料应及时更换。

其二,设法减少肉用仔鸡的卧伏时间。由于卧伏时其体重全由胸部支撑,这样胸部受压的时间长,压力大,加之胸部羽毛长得又迟,很易形成胸囊肿。减少卧伏时间的办法是,减少每次的喂量,适当地增加饲喂的次数,促使鸡只增加活动量。

其三,采用笼养或网上饲养的,必须加一层弹性塑料网垫,以减少胸囊肿的发生。

育雏期间应该密切注意雏鸡的动态。清晨进鸡舍,要检查雏鸡的精神状态、粪便状态和饲料消耗情况,凭自己的感官,观察和了解舍内的温度、空气的污浊程度等等。捡拾和登记死亡的雏鸡,检查雏鸡的采食和饮水状况,根据外界气候的变化情况来调节通风和舍内的温湿度。晚间应有人值班和巡视,检查雏鸡动态、室温与通风换气情况。

总之，雏鸡阶段的管理是一件十分细致的工作，需认真负责，严格执行各项操作规程，为雏鸡创造一个良好的环境，才能取得好的生产成绩。

# 三、雏鸡死亡原因的分析及其预防措施

## （一）原因分析

肉用仔鸡生长速度快，对营养要求高，幼雏期间体温调节机能不完善，对疾病的抵抗能力又弱，因此，要给予精心的照料，稍有疏忽，常常会发生各种疾病而死亡。现根据一些统计材料，分析雏鸡死亡的原因如下（表5-11，5-12）。

表 5-11　某乡肉鸡密集饲养期内的死因分类　（%）

| 月份 | 传染病 | | | | | | | | | 寄生虫病 | | 普通病 | | | | | | |
|---|---|---|---|---|---|---|---|---|---|---|---|---|---|---|---|---|---|---|
| | 新城疫 | 禽霍乱 | 雏白痢 | 禽伤寒 | 马立克病 | 传染性喉气管炎 | 链球菌病 | 大肠杆菌病 | 曲霉病 | 球虫病 | 盲肠肝炎 | 幼雏肺炎 | 维生素缺乏症 | 白肌病 | 药物中毒 | 食盐中毒 | 中暑 | 咬压伤 |
| 3 | — | — | 1.72 | — | — | — | — | — | — | — | — | 3.02 | — | 0.54 | — | — | — | — |
| 4 | — | 0.16 | 2.18 | — | — | 2.16 | — | — | 0.26 | 0.19 | — | 2.18 | 0.07 | — | — | — | — | — |
| 5 | 9.06 | 0.03 | 3.37 | — | — | — | — | — | — | 0.78 | — | 2.42 | 0.24 | — | 0.02 | — | — | 0.02 |
| 6 | 1.9 | 0.16 | 7.24 | — | — | — | 0.07 | — | — | 1.29 | — | 3.24 | 0.09 | 0.03 | — | 0.1 | — | — |
| 7 | 7.09 | 0.24 | 8.59 | — | 0.15 | — | — | 0.22 | — | 3.83 | 0.41 | 4.62 | — | 0.48 | 0.06 | — | 0.74 | — |
| 8 | 2.66 | 0.63 | 0.54 | 2.68 | 0.17 | — | — | 0.05 | — | 2.37 | — | 0.19 | — | 4.44 | — | — | 0.16 | 0.03 |
| 9 | 3.43 | 0.41 | 0.78 | 4.91 | 0.04 | 0.28 | — | — | 0.16 | 1.95 | — | 0.41 | 0.4 | 2.56 | — | — | — | 0.05 |
| 10 | — | — | — | — | — | — | — | — | 0.07 | 0.51 | — | 0.51 | — | 0.64 | — | — | — | — |
| 单病占总死亡率(%) | 24.14 | 1.63 | 24.42 | 7.59 | 0.36 | 2.44 | 0.07 | 0.27 | 0.49 | 10.92 | 0.41 | 16.59 | 0.8 | 8.15 | 0.62 | 0.1 | 0.9 | 0.1 |

表 5-12　某鸡场雏鸡死亡原因分类

| 周龄 | 死亡 | | | | | | | 合计 | |
|---|---|---|---|---|---|---|---|---|---|
| | 鸡白痢 | 脐炎 | 脱水 | 感冒 | 维生素缺乏 | 鼠害 | 啄死 | 只数 | % |
| 1 | 1535 | 566 | 220 | 41 | — | 67 | — | 2429 | 71.13 |
| 2 | 156 | 213 | 119 | — | 13 | 43 | 13 | 577 | 16.31 |
| 3 | 45 | 21 | — | 22 | 93 | 32 | 47 | 260 | 7.61 |
| 4 | 10 | — | — | — | 55 | 4 | 63 | 132 | 3.87 |
| 5 | — | — | — | — | — | — | 37 | 37 | 1.08 |
| 合计 只数 | 1746 | 800 | 339 | 63 | 161 | 146 | 160 | 3415 | |
| 合计 % | 51.13 | 23.43 | 9.93 | 1.84 | 4.71 | 4.28 | 4.68 | 100 | |

## (二)预防措施

1. 认真挑选,把好进雏关　苗鸡质量的好坏,直接影响到肉鸡的生长和鸡场的效益。对苗鸡可从以下几方面进行认真挑选:①选择腹部收缩良好,不要"大肚子"鸡。②选择泄殖腔附近干净,没有黄白色稀粪粘着的苗雏。③脐部吸收良好,没有血痕存在。④喙、腿、爪不是畸形的。

2. 严格按免疫程序及时接种疫苗　大群密集饲养的肉用仔鸡,稍不注意就容易得病,尤其是马立克病、鸡新城疫、鸡法氏囊病等急性传染性疾病,表 5-11 中因新城疫病死亡的占总数的 24.14%。烈性传染病一旦传播开来便很难控制,将会导致整个鸡群乃至鸡场的毁灭性的损失。因此,应本着预防为主的方针,必须按免疫程序进行主动防疫。如有的鸡场于 2 周龄末用新城疫 Ⅳ 系苗饮水免疫,后来在该场又发生了法氏囊病,接种该疫苗的时间在 4 周龄末,可是经过调查,该病于 3 周龄时已在鸡群中发生,应该将接种疫苗的时间提前到 2 周龄以内才能起到预防的效果。因此,必须根据本场情况制订确实可靠的免疫程序。亦可在引进苗雏时,向供种单位索要有效的免疫程序。如在当地没有某种传染病流行,应暂不接种此种疫苗,表 5-11 所列的某乡,其分析中没有法氏囊病,因此,在该乡就没有必要接种法氏囊病疫苗,以免因接种疫苗而污染了这个地区。只有有过这种疾病的发生和流行,才能使用疫苗进行预防接种。

3. 及早进行药物预防　表 5-12 中感染白痢病的死亡率达 51.13%,其中 87.9% 均死于第一周龄以内。表 5-11 中死于白痢病的亦占 24.42%,是各种死因的首位,死于球虫病的占 10.92%,居肉鸡死亡原因中的第四位。根据此两种病症的流行病学,用 50 ppm 的"恩诺沙星"饮水 5～7 天,可有效地降低鸡白痢的死亡率。在 15 日龄后就应该预防球虫病,尤其在饲养密度大、温暖潮湿的环境中,必须用药物预防。可在饲料中添加 30～60ppm 的氯苯胍等药物。所用药物一定要称量准确,搅拌均匀,以免药物中毒。而且一种治球虫药物在使用 1～2 年后要更换 1 次新药,防止产生抗药性。

4. 防止温湿度急骤变化和换气不良　表 5-11 中因幼雏肺炎死亡的占 16.59%,居死亡率的第三位。表 5-12 中因感冒死亡的亦占 1.84%。育雏时保温不好,温度偏低,雏鸡较长时间内难以维持体温平衡,严重者可冻死,一般因受凉而造成感冒等病症。还有的室内温度过高,偶尔打开门窗通风换气,容易发生感冒。室内空气污浊,通风换气不够,温度忽高忽低、急剧变化,使用潮湿、污染的垫料和霉变的饲料,常常导致幼雏肺炎。有的强调保温,空气不流通,导致闷死。有的用灯泡(60 瓦以上)供温,因温度过高而热死。温度过高、湿度不够可导致雏鸡脱水、脚爪干瘪。这都是由于没有调节好育雏室内的温湿度和通风换气的缘故,造成育雏环境恶劣,给雏鸡带来生长迟滞、死亡率高的后果。

5.预防单一饲料造成营养不全而带来的营养性疾病 不少农家育雏还未摆脱"有啥吃啥"的旧习惯。由于饲料品种单一,营养成分缺乏或不足,容易引起各种营养缺乏症。如玉米含钙少,磷也偏低,长期用这种钙磷不足的饲料,幼雏会发生骨骼畸形、关节肿大、生长停滞。蛋白质或氨基酸缺乏时,常常表现为生长缓慢、体质衰弱。维生素 $D_3$ 缺乏,则发育不良,喙和骨软弱并且容易弯曲,腿脚软弱无力或变形。硒与维生素 E 缺乏时,可引起白肌病,我国许多地区的土壤中缺硒,这些地区生产的饲料中也缺少硒,因此,必须注意在饲料中添加硒的化合物(亚硒酸钠)。

营养缺乏症的特点是,先在少数鸡中出现症状,尔后逐渐增多,且发病率和死亡率都较高,如不及时采取治疗措施,会引起大批死亡。所以,提倡喂多种多样的饲料,可以达到营养成分的互补,当然最好按饲料标准进行配合。

6.严格消毒,防止脐部感染 表 5-12 中因脐炎死亡的雏鸡占 23.43%,而且其中 70.7% 死于第一周龄。死鸡腹部胀大,脐部潮湿肿胀,有难闻的气味,剖检可见未吸收的卵黄及卵黄囊扩大,卵黄呈水样或棕色水样,囊体易破裂。这或是由于孵化器、育雏室、种蛋及各种用具消毒不严,大肠杆菌、葡萄球菌等通过闭合不好的脐孔侵入卵黄囊感染发炎所致。其有效预防方法是用福尔马林熏蒸的办法对孵化器、育雏室、种蛋和各种用具进行消毒。另外,对大肚脐鸡要单独隔开,用高于正常鸡 2～3℃ 的室温精心护理,且在饲料中添加治疗量的抗菌药物,通过加强管理来降低此病的死亡率。

7.适时"开水",防止脱水 从表 5-12 中看到,大群饲养的肉用仔鸡死于脱水的比率为 9.93%。这或是由于运输时间过长,或是因接种疫苗等准备工作,使雏鸡的"开水"时间推迟太久,或是喂水时雏鸡不会饮水,或饮水器孔堵塞,或饮水器太少,致使饮水不及时,鸡体失水过度等引起。雏鸡脱水表现为体重减轻、脚爪干瘪、抽搐、眼睛下陷,最后衰竭、瘫软而倒毙。

有人说,给雏鸡喝水会使它拉稀而死亡。其实,喝水死去的雏鸡往往都是由于在孵化室经过相当长的时间没有水喝,一旦看见水后就口渴狂饮,结果有些雏鸡因喝水过多造成腹泻而死。所以,刚出壳的雏鸡第一件事应是在 24 小时以内开始饮水,使它在并不感觉太口渴的时候开始饮水,促进其新陈代谢,就不会发生狂饮泻死或脱水瘫毙的现象。

8. 防止中毒死亡　用药物治疗和预防疾病时,计算用药量一定要准确无误,剂量过大会造成中毒。在饲料中添加药物时必须搅拌均匀,应先用少量粉料拌匀,再按规定比例逐步扩大到要求的含量。不溶于水的药物不能从饮水中给药,以免药物沉淀在饮水器的底部,造成一些雏鸡摄入量过大。

农户育雏切忌把饲料与农药放置在一起而造成农药中毒。不能在刚施过农药的田里采集青饲料喂鸡。

使用咸鱼粉的配合饲料,要根据其含盐量确定食盐补给量。绝对不能使用发霉变质的饲料。

此外,还应搞好室内通风换气,谨防煤气中毒。

以上这些如有疏忽,都能造成不可挽回的损失。

9. 防止聚堆挤压而死　聚堆挤压而死的,在雏鸡阶段时有发生。主要由于:①密度过大,而室温突然降低。②搬运时倾斜堆压,称重或接种疫苗时聚堆又没有及时疏散。③断料、断水时间过长,特别是断水后再供水时发生的拥挤。④突然发生停电熄灯或窜进野兽等,因各种惊吓、骚动引起的聚堆。

所以,要按鸡舍的面积确定饲养量,而且要备足食槽和饮水器。在雏鸡阶段要进行 23 小时光照、1 小时黑暗的训练,使其能适应黑暗环境。

10. 加强管理,预防各种恶癖的发生　严重的啄癖多发生在 3 周龄后,最常见的有啄肛癖、啄趾癖和啄羽癖。据报道,啄肛、啄趾可能是饲料中缺少食盐和其他无机盐,应在饲料中添加微量元素和钙磷等;啄羽可能是饲料中缺少含硫氨基酸,可适当添加蛋氨酸和胱氨酸,或 1%～2% 的石膏。

最好的预防措施是,在 5～9 日龄时断喙。平时应加强管理,饲养密度不能过大;配合饲料含量要合理,不能缺少无机盐和必需氨基酸;光照强度不能过强、时间不能太长。

11. 防止兽害　雏鸡最大的兽害是老鼠。应该在育雏前统一灭鼠,进出育雏室应随手关好门窗,门窗最好能用尼龙网拦好,堵塞室内所有洞口。

综上所述,雏鸡死亡的原因是多方面的,但只要加强饲养人员的责任心,严格各项操作规程,搞好育雏的各种环境条件,提供营养全面而平衡的饲料,采取严格的防疫和疾病防治的措施,就可以提高育雏的成活率,降低死亡率,取得较高的经济效益。

# 四、肉用仔鸡的快速育肥

目前市场上有两类商品肉鸡:一是处于 8 周龄,甚至在 6 周龄之前的幼龄肉用仔鸡。是采用品系配套杂交方式,以高效率的饲料转化来达到高速度生长,但在生理上还未达到性成熟的肉鸡。二是 8 周龄前生长缓慢,性成熟较早,在全价营养的饲养下,13～14 周龄母鸡性已发育成熟,且具有一定的肥度,利用这类临近产蛋前的青年小母鸡(广东话称为"项鸡")育肥而成的肉鸡。为区别起见,前者简称为"快速型肉用仔鸡",后者简称为"优质型肉用仔鸡"。

### (一)快速型肉用仔鸡的快速育肥

这类肉用仔鸡从脱温到出售仅 5～6 周,有人称它为育肥,其实仅是利用这个阶段生长发育特别快的特性,进行合理的饲养管理。这期间其活重是以 4～5 倍的速度增长的,要实现这样迅速的生长,主要应适时提高饲料中的能量水平,降低蛋白质水平,并设法增加其采食量。

1.适时更换饲料配方 根据肉用仔鸡不同生长发育阶段的营养需要更换饲料日粮,是育肥的重要手段。自 4 周龄到出售阶段为后期,又称育肥期。这一时期不仅长肉快,而且体内还将储积一部分脂肪,所以在后期的饲粮中代谢能要高于前期,而粗蛋白质又略低于前期。我国的肉鸡饲养标准见表5-13。

表 5-13  肉用仔鸡对能量和蛋白质的需要量

| 营 养 指 标 | | 1～4 周 | 5～9 周 |
|---|---|---|---|
| 代谢能 | (兆焦/千克) | 12.13 | 12.55 |
| 粗蛋白质 | (%) | 21.00 | 19.00 |
| 蛋白能量比 | (克/兆焦) | 17.20 | 15.06 |

2.提高营养浓度,增大采食量 要想实现肉用仔鸡长得快、早出栏,除了肉用仔鸡本身的遗传因素外,主要的措施是提高饲粮的营养浓度和设法让鸡多吃。

(1)提高饲粮的营养浓度 对催肥起主要作用的是能量饲料,因此,在饲料配合中应增加能量饲料的比例,并添加油脂,同时减少粗纤维饲料的含量,不要喂过多的糠麸类饲料。另外,从料型而言,由于鸡喜欢啄食粒料,目前已有不少单位逐渐采用了颗粒状饲料,它既可保证营养全面,减少饲料浪费,又缩短了采食时间,有利于催肥。

(2)创造适宜的环境,促使增加采食量  生活环境的舒适与否是影响肉用仔鸡采食量的一个重要因素。例如,夏季天热吃得少,冬季天冷吃得多,因此,在夏天适当减小鸡群密度,使用薄层垫料,加大通风换气量,采用屋顶遮荫降温措施,勤添少喂,提供足够的采食槽位,利用早晚凉爽的时间尽量促使仔鸡多吃饲料。

有些用粉料饲喂的单位,可采用干湿料相结合的方法,将粉料与小鱼、小虾、青饲料等拌和喂,以提高适口性,使之增加采食量。

## (二)优质型肉鸡的育肥

1.适合的鸡种和育肥时期  此类肉鸡前期生长速度缓慢,出售时体重为 1.1～1.3 千克,并接近或已达到性成熟。这种鸡适合于广东及港澳地区消费。

目前比较适宜于在后期育肥的鸡种有惠阳胡须鸡、清远麻鸡、杏花鸡、石岐杂鸡、霞烟鸡,以及我国自己培育成功的配套杂交黄羽肉鸡中的优质型肉鸡,一般在 13～14 周龄可开始育肥。

2.育肥饲料  在育肥前期可用全价的配合饲料,加快其生长速度,在上市前半个月改为以能量高的糖类和质量好的植物性蛋白质饲料为基础的饲料,以积沉脂肪。其典型的配方如下:

(1)干粉混合料  碎米粉 65％,米糠 22％,花生饼 12％,

骨粉 1%，另外加入食盐 0.5%，多种维生素 1.5%。在进食前每千克饲料中拌入精制土霉素粉 90 毫克，维生素 $B_{12}$ 90 微克。该配方的粗蛋白质含量为 14%，粗脂肪含量为 3.92%。

（2）半生熟料

第一步：将大米与统糠按 3∶1 的比例称出，并按料与水为 1∶2.2 的比例先煮水。

第二步：水煮沸后倒米下锅，稍后再倒入统糠，同时进行搅拌，15 分钟后取出（此时米粒中心还未煮透）置于木桶中，加盖保温闷 4～12 小时后即可使用（每 100 千克饲料中加600 克食盐）。

第三步：在进食前，取 7 份这种半生熟料加米糠 2 份和 1份经水浸开的花生饼酱，拌匀。同时按每 500 克这种混合料中加入土霉素粉 15～18 毫克和维生素 $B_{12}$ 15～18 微克。

运用这种配方饲料育肥的鸡，不仅增重快，沉积脂肪好，而且还有明显的地方鸡风味。

3. 技术措施　为使此类肉鸡达到骨脆、皮细、肉厚、脂丰、味浓的优质风味，所采取的措施有以下四个方面：

首先，在上市前采用上述特殊饲料配方育肥期间，一般都实行笼养，限制育肥鸡的活动量，使其能量消耗明显降低，加之所用的饲料基本上是米饭和米糠，这些都有利于加快体内脂肪的积蓄。

第二，由于配方饲料中的钙磷不足，使鸡体钙的代谢处于负平衡状态，由此形成的骨质，具有广东三黄鸡所要求的"松"、"脆"特点。

第三，蛋白质饲料由大豆饼改为花生饼或椰子饼，使鸡肉更具浓郁的风味。

第四，采用民间的暗室育肥法，使鸡处在安静环境中，不仅有利于育肥,而且使鸡的表皮更加细嫩。

# 五、肉用仔鸡公母分开饲养

公母分开饲养的技术,在仔鸡的增重、饲料的利用效率以及产品适于机械加工等方面所显示出来的效益,早已为美、法、荷等国所了解,至 1990 年,采用这种饲养制度饲养的肉用仔鸡已占仔鸡总量的 75%~80%。随着自别雌雄商品杂交鸡种的培育和初生雏雌雄鉴别技术的提高,近年来已为愈来愈多的国家所运用。这种基于公母雏鸡之间的差别而发展起来的公母分开饲养的技术措施主要有如下几点。

## (一)按经济效益分期出场

1 日龄时,小公鸡日增重比小母鸡高 1%,随着日龄的增长,日增重的差别越来越大,公母之差最大可达 25%~31%。雌性个体在 7 周龄后相对增重速度下降,饲料消耗急剧上升,如果此时已达上市体重,应该尽早出售。而雄性个体,一般要到 9 周龄以后生长速度才下降,同时饲料转换率也降低,所以雄性个体可养到 9 周龄出售。因此,公母分群饲养将可以在各自饲料转换率最佳日龄末出场,以取得最佳的经济效益。

## (二)按需调整日粮的营养水平

在相同日粮的条件下,小母鸡每增重 1 千克体重所消耗的饲料比小公鸡要高出 2%~8%,在 4~10 周龄间小母鸡的相对生长量又低于小公鸡 15%~25%。

小公鸡能有效地利用高蛋白质日粮,并因此而加快生长速度;小母鸡对高蛋白质饲料的利用效率低,而且还将多余的蛋白质转化为体内脂肪沉积起来。按照它们对蛋白质来源及添加剂等的不同反应,小公鸡的饲料配方,其前期的蛋白质水平可提高到25%。采用以鱼粉为主的配合饲料,其中钙磷和维生素A,维生素E,B族维生素的需要量比小母鸡要高,可适当添加人工合成的赖氨酸,将明显地提高小公鸡的生长速度与饲料转换率。为消除蛋白质过量会抑制小母鸡的生长和将多余蛋白质在体内转化为不经济的脂肪沉积起来的弊病,对小母鸡的饲料配方,其蛋白质水平可调整为18%~19%,采用以豆饼为主的配合饲料,并添加金霉素。这样可以各得其所,蛋白质也可以得到充分利用。

### (三)提供适宜的环境条件

由于小公鸡羽毛生长慢、体重大,必须为小公鸡提供更为松软、干燥的垫料,以减少胸囊肿发生。为取得更佳的饲养效果,小公鸡的饲养环境与小母鸡相比,室内温度前期要高1~2℃,而后期则要低1~2℃。

## 六、肉用仔鸡8周的生产日程安排

现代的肉用仔鸡生产大都是全年进行的批量生产,因此,饲养者应根据拥有鸡舍的实际面积、设备和人员、饲料来源,并根据规定的饲养密度、预期上市日龄以及两批之间的消毒、空舍时间,初步安排好全年的饲养计划、批次,在落实苗鸡计划的基础上,安排好每批肉鸡的饲养计划。现对其8周生产日程的安排简述如下。

## (一) 第 一 周

1. 综合性技术措施　提前 3 天鸡舍试温，全部用具到位。提前 1 天鸡舍开始升温。1 日龄时开水、开食，确保全群鸡都能饮水、采食。3 日龄喂全价饲料，增喂维生素。5 日龄断喙。6 日龄后逐步用饲槽、料桶。

2. 管理条件　1 日龄在育雏器下温度为 35℃，室温为 28℃，相对湿度 70%，密度 40 只/米²，每日光照时间 23.5 小时，每平方米 2.5～3 瓦。2～4 日龄育雏器下温度每日降低 1℃，至 32℃；光照 2 日龄为 23 小时，4 日龄为 22.5 小时。7 日龄时室温为 24℃，相对湿度 65%，密度为 30 只/米²，光照每日 22 小时，每千只鸡 1 周耗水量为 238 升。

3. 生产指标　每千只鸡 1 周耗料量为 80 千克；周末每只鸡体重 80 克，较好的可达 90 克。

4. 疫病防治　1 日龄接种马立克病疫苗，4 日龄接种鸡新城疫 IV 系疫苗，7 日龄接种鸡痘疫苗。1～14 日龄用 0.2% 土霉素加 0.04% 痢特灵拌料饲喂，或用"恩诺沙星"50 ppm 饮水 5～7 天，预防鸡白痢效果甚好。

## (二) 第 二 周

1. 综合性技术措施　用饲槽、料桶和饮水器，扩大围圈，增加通风量。周末逐步撤掉围圈。

2. 管理条件　育雏器下温度周末降至 29℃，室温降至 21℃，相对湿度降至 62%，密度为 25 只/米²，光照时间 11 日龄为 21 小时，14 日龄为 20 小时，每平方米 1～1.5 瓦。1 周千只鸡耗水量为 371 升。

3. 生产指标　1 周耗料量一般为 160 千克/千只，周末体重 170 克/只;较好的 1 周耗料量为 240 千克/千只,体重 230 克/只。

4.疫病防治　13 日龄时接种法氏囊病疫苗。为预防球虫病,由第二周至第四周用 30～60 ppm 氯苯胍拌料饲喂。

## （三）第 三 周

1.综合性技术措施　周末抽测体重。

2.管理条件　17 日龄时,相对湿度降至 60%,密度 25 只/米²,光照 20 小时/日。周末育雏器下温度降至 27℃,室温降至 18℃,密度降至 20 只/米²。1 周耗水量为 532 升/千只。

3.生产指标　1 周耗料量为 320 千克/千只,周末体重 330 克/只;较好的 1 周耗料量为 370 千克/千只,体重 430 克/只。

## （四）第 四 周

1.综合性技术措施　视情况撤育雏器,周末起逐步改用育肥料。

2.管理条件　周末育雏器下温度降至 24℃,室温降至 16℃,密度仍为 20 只/米²,光照 20 小时/日。1 周耗水量为 665 升/千只。

3.生产指标　1 周耗料量一般为 420 千克/千只,周末体重 540 克/只;较好的 1 周耗料量为 450 千克/千只,周末体重 650 克/只。

## （五）第 五 周

1.综合性技术措施　脱温,转群,防球虫病,升高食槽和饮水器的高度,本周起全部改用育肥料。周末测体重和耗料量。

2.**管理条件**　周末育雏器下温度降至 21℃,相对湿度仍为 60%,密度 18 只/米²,光照 20 小时/日。1 周耗水量为 847升/千只。

3.**生产指标**　1 周耗料量一般为 560 千克/千只,周末体重 760 克/只;较好的 1 周耗料量为 590 千克/千只,体重 920克/只。

## (六)第 六 周

1.**综合性技术措施**　周末抽测体重和耗料量。

2.**管理条件**　相对湿度保持 60%,密度降为 15 只/米²,光照仍是 20 小时/日。1 周耗水量为 1 057 升/千只。

3.**生产指标**　1 周耗料量一般为 690 千克/千只,周末体重 990 克/只;较好的 1 周耗料量为 740 千克/千只,体重1 200 克/只。

## (七)第 七 周

1.**综合性技术措施**　周末抽测体重和耗料量。撤去一切用药,防止药物残留。

2.**管理条件**　相对湿度提高到 65%,光照仍为 20 小时/日.1 周耗水量为 1 246 升/千只。

3.**生产指标**　1 周耗料量一般为 800 千克/千只,周末体重 1 240 克/只;较好的 1 周耗料量为 930 千克/千只,体重1 500 克/只。

## (八)第 八 周

1.**综合性技术措施**　周末开始出栏。应在夜间捉鸡,出栏前 10 小时撤饲料,抓鸡前撤饮水器。

2.管理措施　相对湿度为 65%,密度为 12 只/米$^2$,光照 18 小时/日。1 周耗水量为 1 428 升/千只。

3.生产指标　1 周耗料量一般为 910 千克/千只,周末体重 1 500 克/只;较好的 1 周耗料量为 1 030 千克/千只,体重 1 800 克/只。

# 七、肉用仔鸡的限制饲养

在肉用仔鸡的生长发育过程中,肌肉的生长速率远大于内脏的生长发育,尤其是心肺的发育慢于肌肉,心肺不能满足供应肌肉快速生长对血氧的需要。这种代谢的紊乱导致肉鸡腹水症、心力衰竭综合征和突然死亡的发生率增高,所以越来越多的肉鸡生产者通过限制日饲料摄取量与间歇光照程序相结合的办法来控制肉鸡的生长速度,以提高饲料转化率,降低死亡率。

据报道,在第二周开始限饲对腿畸形率的减少最为有利。此研究者采用每天四个周期的间歇光照程序(即 2 小时光照,4 小时黑暗为 1 个周期)限制饲料的添加量。郑州牧校刘卫东等人采用从 4 日龄开始的 1 小时光照、3 小时黑暗的每天 6 个周期的间歇红光照明程序。由于 2 次投料之间有 3~4 小时的间隙,这就给仔鸡在采食后有一个消化吸收的过程,有利于提高饲料转化率,同时这种间歇可以刺激仔鸡的采食欲望。刘卫东等人的试验结果显示了限制饲养的某些效果(表 5-14)。

表 5-14　8周龄肉用仔鸡体重、饲料报酬、腿病率及死亡率

| 项　　目 | 连续白光照 | 间歇白光照 | 连续红光照 | 间歇红光照 |
|---|---|---|---|---|
| 平均体重(克) | 2272.80 | 2266.90 | 2317.10 | 2327.70 |
| 采食量(克/只) | 5864.10 | 5327.20 | 5537.80 | 4981.30 |
| 饲料报酬 | 2.58 | 2.35 | 2.39 | 2.14 |
| 腿病发生率(%) | 4.50 | 2.00 | 2.50 | 2.00 |
| 死亡率(%) | 2.50 | 2.00 | 2.00 | 1.50 |

　　调整光照程序对肉用仔鸡有许多潜在的保健作用,如延长睡眠时间、降低生理应激、建立活动节律以及改善骨代谢、腿健康等。可是在光照程序中的明暗比例等还有待进一步研究探索。

# 八、提高肉用仔鸡的商品价值

　　在激烈竞争的市场上,对肉鸡产品的出场规格、质量要求愈来愈严格。无论从产品的时间、外形、整齐度、结构、卫生方面乃至加工成品的包装上都出现了种种的质量规格标准。不同的等级价格差别很大,经营者若不注意产品的质量,将会给经济上带来严重的损失。1980 年,广东省某市出口活鸡 60 万只,由于经营环节多,运到香港时造成残次损耗甚大,过秤时,只剩下 55 万只,每只平均掉膘 0.15 千克,且因伤残使一级鸡降为三级鸡,每千克价格相应从 15 港元下跌为 10 港元。损失的 5 万只活鸡,按每只 2 千克计,折合损失 150 万港元,因掉膘损失为 123.75 万港元,加上由于降级遭致的损失 508.75 万港元,合计损失 782.5 万港元。由于在肉鸡饲养的过程中要

使用各类预防、治疗的药物、添加剂等,其中有害物质在产品中形成残留,其危害的隐蔽性、累积性和长期性,影响了人们的健康,因此愈来愈引起人们的关注,国际市场对我国肉鸡产品的药残实施严格限制。因此,肉鸡产品若不按规格质量上市或上市前经营管理不善,给经济上带来的损失是十分惊人的!所以,了解和掌握市场上对肉鸡的质量要求,努力提高产品质量,以达到食品和外贸部门对商品肉鸡的要求,避免不必要的损失,获取最佳的经济效益,是十分重要的。

### (一)规格与标准

1. 我国出口肉用仔鸡(冻鸡)的规格和等级 宰杀后的半净膛或全净膛鸡统称白条鸡。白条鸡应具备外形丰满,腿围粗,整个胴体有一定的膘度;全身皮肤色泽为金黄色或乳白色,无伤、无炎症和红斑点,真皮不脱落;商品要经过整形,将双腿自然曲折紧贴于体两侧。我国出口冻肉鸡的规格和等级列后。

(1)冻肉用鸡

①冻全净膛肉用鸡:去毛、头、脚、肠、心、肝、肌胃及颈,带翅,留肺及肾。

②冻半净膛肉用鸡:去毛、头、脚、肠,带翅,留肺及肾,另将心、肝、肌胃及颈洗净,用塑料纸包裹后放入腹腔内。

等级按净重克数分为5级:特级为1200克;大级为1000克;中级为800克;小级为600克;小小级为400克。

(2)冻分割肉用鸡

①冻肉用鸡翅:大级每翅净重在50克以上;小级每翅净重在50克以下。

②冻肉用鸡胸:大级每块净重在250克以上;中级每块净

重在 200 克以上;小级每块净重在 200 克以下。

③冻肉用鸡全腿:大级每只净重在 220 克以上;中级每只净重在 180 克以上;小级每只净重在 180 克以下。

**2.我国出口港澳地区活鸡市场的优质型肉鸡规格标准**

(1)青年小母鸡　石岐杂、改良石岐杂等三黄鸡均可。黄羽或黄麻色羽,羽毛齐全,黄脚、黄皮,胸肌丰满,有尾油,无病残(包括无明显的胸囊肿),平嗉,100～120 日龄,活重在 1.4～1.6 千克。

(2)阉割公鸡　自 1984 年后,出口港澳地区的活鸡不允许用激素"肥鸡丸"埋植法阉鸡,只允许用外科去势手术阉鸡。金黄或金红色羽毛,羽毛齐全,黄脚、黄皮,胸肌丰满,有尾油,无病残(包括无明显的胸囊肿),平嗉,活体重 1.9～2.5 千克。

**3.其他一些国家的肉鸡质量规格标准**

(1)日本农林省对肉鸡交易规定可评为一级的规格质量　①形态正常。②肉质良好。③体脂均匀紧凑。④羽毛生长良好而整齐。⑤无骨折、脱臼。⑥无外伤、变色。⑦无胸囊肿。

在日本,一级与一级以下的活鸡差价很大,产品的经营者必须力争出售的活鸡产品一级率达到 95% 以上,以使损失降低到最低限度。病鸡不仅不能评级别,而且不能食用,一律废弃(在有些国家和地区还规定要焚毁,而且焚烧费还得由出售鸡主交付)。

(2)法国销售肉鸡分为 3 个规格(按胴体重)　①小肉鸡:活重不到 1.3 千克。②中肉鸡:活重为 1.3～1.7 千克,净膛后胴体重 1.1～1.4 千克。③大肉鸡:活重在 2.2 千克以上,净膛胴体在 1.4 千克以上。

根据肉鸡的外观和内部的质量,规定的三个质量等级。A级:外形好,胸肌丰满、骨骼无畸形、胸骨不突出。大腿结实、腿肌丰满。背、腰、鸡尾和翅下有较薄的一层脂肪。表皮不允许有影响外观的损伤。B级：有些轻微畸形，如胸骨稍弯曲，但胸肌和腿肌丰满、不过肥，在不影响外观的前提下，泄殖腔周围脂肪可多一些。C级：包括A级、B级所有不允许存在的缺陷，这种鸡不做冻鸡原料，直接用于加工。

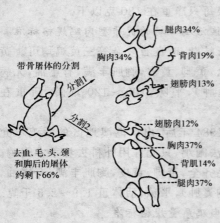

带骨屠体的分割

分割1

分割2

去血、毛、头、颈和脚后的屠体约剩下66%

腿肉34%

胸肉34%　背肉19%

翅膀肉13%

翅膀肉12%

胸肉37%

背肌14%

腿肉37%

**图5-4　美国肉用仔鸡屠体的两种分割肉结构**

（3）美国非常重视肉用仔鸡的胸肌和腿肌　如图5-4，在美国市场上很流行将肉用仔鸡带骨分割成4分体，胸肉每磅（0.4536千克）是85美分；腿肉每磅是55美分；翅膀每磅是40美分；背肉每磅只有10美分。按这种价格计算，如果带骨屠体重都是2.8磅（1.27千克），那么图5-4中的分割肉，1式合计为1.532美元，而2式合计为1.624美元，由此可以看到，两者相比仅由于胸肉、腿肉比例的提高即可增加6％的收入。

## （二）提高肉鸡商品等级的技术措施

肉用仔鸡由于捕捉、装笼、运输等多种原因，常引起抓伤、碰伤、刀伤以及骨折等，使商品降级，其发生率多者可达到16.82％（表5-15）。因此，为了保证肉用仔鸡产品适销对路，提高商品等级档次，增加经济效益，必须采取一些有效的技术措施。

表 5-15　标准肉用仔鸡群等外品发生情况

| 原　因 | 只数 | 发生率（%） | 原　因 | 只数 | 发生率（%） |
|---|---|---|---|---|---|
| 打伤、碰伤① | | | 骨　折③ | | |
| 　脚　部 | 90 | 2.46 | 　脚 | 39 | 1.20 |
| 　胸　部 | 114 | 3.51 | 　翼 | 59 | 1.80 |
| 　关　节 | 7 | 0.22 | 其　他 | | |
| 刀伤、裂伤② | | | 　形态不良 | 2 | 0.06 |
| 　脚　部 | 7 | 0.22 | 　长肉不良（消瘦） | 3 | 0.40 |
| 　胸　部 | 14 | 0.43 | 　皮下脂肪过多 | 13 | 0.09 |
| 胸变形 | 195 | 6.00 | 　褪　色 | 12 | 0.40 |
| 其　他 | 1 | 0.03 | 合　计 | 556 | 16.82 |

注：①6 周龄最多，9～10 周龄没有
　　②脚刀伤的 75% 是检验员切开所致
　　③捕捉放入笼时，导致翼、脚折断

1. 保证商品色泽的措施　不同的地区，不同的人，对鸡皮颜色的喜爱各不相同。欧洲人喜欢金黄色鸡皮，美洲人喜欢乳白色，而我国及东南亚一些地区喜欢鸡皮呈黄色。为了达到销售地区对商品外观颜色的要求，可以采取以下几点措施：

（1）不养杂毛鸡　如黑毛鸡、青黑喙鸡、青黑脚鸡。

（2）喂给黄色素饲料　在肉用仔鸡饲养后期，应喂黄玉米或添加黄色素饲料，使躯体呈黄色。

（3）宰杀时控制煺毛的水温　烫毛的水温不超过 65℃，真皮不会脱落，加工后屠体仍保持深黄色；水温超过 65℃，真皮被烫伤脱落，屠体呈乳白色。采用什么样的水温和加工方法，主要考虑商品的流向和客户的爱好。

（4）防止外伤　在饲养后期、出栏抓鸡、运输途中、屠宰时都要注意防止碰撞、挤压，以免造成血管破裂，皮下淤血，影响商品的皮色。

2.减少外伤的措施　造成外伤的原因很多,如饲养密度过大,生长期间拥挤,捕捉和装运中粗暴、野蛮的操作,都容易造成外伤。防止外伤应注意以下几点:

第一,饲养密度要合理,鸡舍内垫料稍厚些,运动场要平整,无尖硬物。

第二,在捕捉时,要用栅栏小心围捕。时间最好在天黑后或天亮前,采用淡蓝色或红色灯光照明捕鸡,捕前不要惊动鸡群,防止炸群。

第三,运鸡要用专用鸡笼,鸡笼的底应铺垫软草或草垫子。笼网上不要留有钩、刺,以防刺伤鸡体。目前市场上已有全塑折叠式的鸡笼供应。装卸车时,应小心搬上抬下,防止向一侧倾斜。

3.尽早出栏,保证肉的质量　肉用仔鸡达到上市体重的饲养期越短,耗料就越省,也越合算,而且肉质随着日龄的增长,其细、嫩、多汁的程度也将变差。因此,从提高肉质的角度考虑,只要达到上市体重,饲养的周期越短越好。另外,在饲养的后期、屠宰前半个月左右,应停止饲喂能影响鸡肉味道的药品和有鱼粉的饲料。

4.采取相应措施,适应出口检验标准的变化　1992年,日本对进口禽肉实施新的"食鸟卫生检查制度",全面提高了卫生检验的标准,与西欧、美国80年代末、90年代初的标准相近,其主要内容是:排除病鸡,杜绝抗生素、磺胺等抗菌剂和农药的残留,不得检出沙门菌、大肠杆菌、葡萄球菌,并严格限制一般的杂菌数。因此,要防止鸡肉中有药物残留。据悉,1992年北京国际农展会上介绍的目前可以替代抗生素、磺胺类药物防治细菌、霉形体病的产品有:德国产的百病消、百球清,英国产的球杀灵,可以杀灭环境中的球虫卵,达到防治球虫而无残药遗留的目的。在选用饲料时，要注意选用无农药残留的饲料。屠宰加工部门更应注意宰杀过程中的卫生问题，防止细菌污染。

### （三）强化市场竞争意识，开发绿色食品

现在，世界各国农业正朝着生态农业、自然农业、生物农业的方向发展，无污染、无公害的安全食品产量正逐年增加，国际市场上对这类食品的需要量与日俱增。鸡肉是肉食品中的一类主要食品，深受消费者喜爱，随着我国改革开放的深化，与世界经济接轨进程的加快，要想使我国的肉鸡走向国际市场，参与国际竞争，也只有走可持续发展之路，生产绿色食品，才有其独特的竞争优势。这是在世界经济一体化形势下的一种新型的非关贸壁垒。所以 1994 年国务院在《中国 21 世纪议程——中国 21 世纪人口、环境与发展白皮书》中将"加强食物安全监测，发展无污染的绿色食品"列入其行动方案中。一系列相关技术的发展，为绿色食品的生产提供了条件。如各种无毒无害的生物农药的开发使用，配方施肥技术的开发，生物肥料、有机肥料的应用，为养鸡业提供了更多的符合生产绿色食品的饲料原料。近年来，添加剂、兽药工业的发展，开发了多种无毒无害的生物添加剂、仿天然添加剂和药物，各种有益于环保的技术和产品将替代传统的养殖技术。各种微生态制剂将参与家禽胃肠道微生物群落的生态平衡，并维护胃肠道的正常功能，抗生素将逐步退出历史舞台。有一种酵母细胞壁提取物——甘露寡聚糖，能在动物消化道内与沙门杆菌、大肠杆菌等有害细菌结合，并将病原菌排出动物体外，这种添加剂既有抗生素的作用，又没有抗生素引起的抗药性和在畜产品中的残留问题。

当前，养殖业产生的废物对环境的污染（包括磷、氮的污染）已经引起人们的焦虑，此问题不解决，在下世纪人们很难喝上合格的饮用水。可喜的是这方面的研究取得了长足的进展，如高效廉价的植酸酶、除臭灵和蛋白酶产品，将会在未来的饲料中得到普遍应用。在21世纪，可以降低动物排泄物中有毒有害物质（磷、氮和粪臭素等）的添加剂将添加到饲料中。这将消除鸡舍内的臭气和减少舍内苍蝇。

我国肉鸡生产已逐步形成专业化、集约化和产业化的生产格局，这就有可能在饲料原料、添加剂、药物以及饲养方法、加工方法上按绿色食品的要求，使肉鸡生产的成品成为绿色食品，把我们的肉鸡养殖业逐步发展成为一种生态养殖。这是21世纪肉鸡业发展的趋势，它将加强在国际市场上的竞争力，促进我国肉鸡业的健康、持续发展。

# 九、阉 鸡

公鸡去势（阉割）的目的是为了改善肉质。用人工的方法把小公鸡的睾丸取出来，称为阉鸡。由于摘除了睾丸，使公鸡的性机能消失，变得性情温驯，活动量小，鸡冠萎缩变白，体内新陈代谢作用降低，热能消耗减少，使体内脂肪大量积累。阉鸡容易育肥，在同样的饲养条件下，阉鸡要比没阉的鸡多长肉0.5千克以上。综合起来阉鸡有四个优点：第一，肉质细嫩，肉味鲜美，营养价值高；第二，育肥期短，增重快；第三，饲料报酬高；第四，性情温驯，容易管理。除此以外，价格还比同龄未阉的公鸡高。所以阉鸡是值得推广的。

### （一）阉鸡的适宜时期

一般小公鸡在 45～90 日龄,体重在 0.5 千克左右时阉割较为适宜。早阉的鸡,饲料吃得少,肉长得快,饲养最经济,而且肉质和肥度也更符合标准。

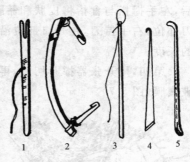

### （二）阉鸡的工具

主要的用具有保定杆、开张器、套睾器、阉割刀及托睾勺等(图 5-5)。

**图 5-5　阉鸡用的工具**
1.保定杆　2.开张器　3.套睾器
4.阉割刀　5.托睾勺

### （三）阉割部位

鸡的肾脏紧贴在脊椎两侧的下方,扁而长,分前、中、后 3 叶,睾丸位于肾脏前叶的下面,由睾丸系膜悬挂着,呈游离状态,颜色为淡黄色,45～90日龄时的睾丸有黄豆大小。其前边靠近肺,下方就是肠管(图 5-6)。

正确的阉割开口部位在最后两根肋骨之间的上方 1/3 处。

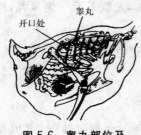

开口处　　睾丸

**图 5-6　睾丸部位及阉割部位**

### （四）阉割的步骤

第一,在手术前禁食 18 小时,禁水 12 小时,使小肠排空,以便能更好地观察体腔,也减少手术刺穿小肠的危险。

第二，将小公鸡的两翅交叉固定，两腿绑在保定杆或木棍上，使其侧卧，左侧向上。

第三，将阉割开口部位周围的羽毛拔掉，用碘酒消毒皮肤后，左手拇指与食指将皮肤和髂腰肌一起稍向后拉，并固定开刀部位，右手持刀，在开口部位沿肋骨的走向切开7厘米左右的长度。

第四，用开张器撑开切口，再用阉割刀的另一端的小钩划破腹膜（图5-7）。

第五，用托睾勺轻压肠管，即可看见淡黄色的睾丸，然后在托睾勺的配合下用马尾套睾器摘除睾丸。睾丸脱落后用托睾勺取出。

对侧的睾丸可用同样的方法摘除。如技术熟练可采取一侧开刀取两侧睾丸，先取下面一侧睾丸，然后再取上面的睾丸。

**图5-7 撑开切口，划破腹膜**

一般切口不用缝合，如切口较长时，可用缝合线缝2～3针。

## （五）注意事项

1. 切口部位必须准确 切口过前，会割破肺脏，造成死亡；切口偏后，可能伤及大腿肌肉，会影响鸡的行走。

2. 摘除睾丸时要稳准 谨防引起大出血致死。

3. 阉割后的小公鸡要仔细护理 如发现皮下有臌气现

象,要用针刺破放气;如伤口化脓,要用盐水洗去脓汁,撒上消炎粉,促使伤口愈合。

# 第六章　肉鸡的营养与饲料

肉鸡产业的生产目的,是以最经济的生产费用提供优质的食肉。饲料是肉鸡饲养中占用成本最多的一项,因此,要求用尽可能少的饲料量和饲料费用,提供尽可能多的鸡肉。获取最佳经济效益的关键是:根据肉鸡的营养需要以及饲料的营养价值,经过计算,把各种类型饲料合理地搭配起来,做到肉鸡需要什么给什么,需要多少给多少,而不是"有啥吃啥"。

## 一、肉鸡的营养需要

随着肉鸡营养学研究的进展,其营养素的需要量已大致清楚。

### (一)营养需要量

各单位都有其推荐的有关鸡种的营养标准,见表 6-1～4。表 6-1 是"A·A"公司推荐的营养标准。

## 表6-1 A·A公司推荐的父母代种鸡营养标准

| 项　　目 | 公鸡和母鸡 | | | 母　鸡 | | 公　鸡 |
|---|---|---|---|---|---|---|
| | 育雏料 | 育成料 | 预产料① | 产蛋Ⅰ期料② | 产蛋Ⅱ期料③ | 种鸡料④ |
| 粗蛋白　　　（%） | 17.0～18.0 | 15.0～15.5 | 15.5～16.5 | 15.5～16.5 | 14.5～15.5 | 12.0 |
| 代谢能（兆焦/千克） | 11.7～12.1 | 11.0～12.0 | 11.7～12.1 | 11.7～12.1 | 11.7～12.1 | 11.7 |
| （千卡/千克） | 2800～2915 | 2640～2860 | 2800～2915 | 2800～2915 | 2800～2915 | 2800 |
| 脂　肪　（最低%） | 3.00 | 3.00 | 3.00 | 3.00 | 3.00 | 3.00 |
| 粗纤维(低～高)（%） | 3.00～5.00 | 3.00～5.00 | 3.00～5.00 | 3.00～5.00 | 3.00～5.00 | 3.00～5.00 |
| 亚油酸　　　（%） | 1.00 | 1.00 | 1.00～1.75 | 1.25～1.75 | 1.00 | 1.00 |
| 钙(低～高)　（%） | 0.90～1.00 | 0.85～0.90 | 1.50～1.75 | 3.15～3.30 | 3.30～3.50 | 0.85～0.90 |
| 磷(低～高)　（%）有效磷 | 0.45～0.50 | 0.38～0.45 | 0.40～0.42 | 0.40～0.42 | 0.35～0.37 | 0.35～0.37 |
| ·总　磷 | 0.55～0.70 | 0.50～0.65 | 0.55～0.70 | 0.55～0.70 | 0.50～0.55 | 0.50～0.65 |
| 钠(低～高)　（%） | 0.18～0.20 | 0.18～0.20 | 0.16～0.20 | 0.16～0.20 | 0.16～0.18 | 0.18～0.20 |
| 盐(低～高)　（%） | 0.45～0.50 | 0.45～0.50 | 0.40～0.45 | 0.40～0.45 | 0.40～0.45 | 0.40～0.45 |
| 氯(低～高)　（%） | 0.20～0.30 | 0.20～0.30 | 0.20～0.30 | 0.20～0.30 | 0.20～0.30 | 0.20～0.30 |
| 精氨酸 | 0.90～1.00 | 0.75～0.90 | 0.90～1.00 | 0.90～1.00 | 0.88～0.94 | 0.66 |
| 赖氨酸 | 0.92～0.98 | 0.60～0.70 | 0.80～0.85 | 0.80～0.85 | 0.78～0.81 | 0.54 |
| 蛋氨酸 | 0.34～0.36 | 0.30～0.35 | 0.30～0.32 | 0.30～0.32 | 0.30～0.32 | 0.24 |
| 蛋氨酸＋胱氨酸 | 0.72～0.76 | 0.56～0.60 | 0.60～0.64 | 0.60～0.64 | 0.54～0.56 | 0.45 |
| 色氨酸 | 0.17～0.19 | 0.17～0.19 | 0.16～0.17 | 0.16～0.17 | 0.16～0.17 | 0.12 |

（营养含量）（氨基酸含量（%）（最低）⑤）

| 项 目 | | 公鸡和母鸡 | | | 母 鸡 | | 公 鸡 |
|---|---|---|---|---|---|---|---|
| | | 育雏料 | 育成料 | 预产料① | 产蛋Ⅰ期料② | 产蛋Ⅱ期料③ | 种鸡料④ |
| 氨基酸含量(%)(最低)⑤ | 苏氨酸 | 0.52~0.54 | 0.48~0.52 | 0.50~0.53 | 0.50~0.53 | 0.50~0.53 | 0.40 |
| | 异亮氨酸 | 0.66~0.70 | 0.58~0.60 | 0.58~0.62 | 0.58~0.62 | 0.58~0.62 | 0.48 |
| 微量元素含量(毫克/千克)⑥ | 锰 | 66 | 66 | 120 | 120 | 120 | 120 |
| | 锌 | 44 | 44 | 110 | 110 | 110 | 110 |
| | 铁 | 44 | 44 | 40 | 40 | 40 | 40 |
| | 碘 | 1.1 | 1.1 | 1.1 | 1.1 | 1.1 | 1.1 |
| | 铜 | 5.0 | 5.0 | 8.0 | 8.0 | 8.0 | 8.0 |
| | 硒 | 0.30 | 0.30 | 0.30 | 0.30 | 0.30 | 0.30 |
| 维生素含量⑥ | 维生素A (IU) | 11000 | 11000 | 15400 | 15400 | 15400 | 15400 |
| | 维生素D₃ (IU) | 3300 | 3300 | 3300 | 3300 | 3300 | 3300 |
| | 维生素E (IU) | 22 | 22 | 33 | 33 | 33 | 33 |
| | 维生素K₃(毫克) | 2.2 | 2.2 | 2.2 | 2.2 | 2.2 | 2.2 |
| | 维生素B₁(毫克) | 2.2 | 2.2 | 2.2 | 2.2 | 2.2 | 2.2 |
| | 维生素B₂(毫克) | 5.5 | 5.5 | 9.9 | 9.9 | 9.9 | 9.9 |
| | 泛酸 (毫克) | 11.0 | 11.0 | 13.2 | 13.2 | 13.2 | 13.2 |
| | 烟酸 (毫克) | 33.0 | 33.0 | 44.0 | 44.0 | 44.0 | 44.0 |
| | 维生素B₆(毫克) | 1.1 | 1.1 | 5.5 | 5.5 | 5.5 | 5.5 |
| | 生物素 (毫克) | 0.11 | 0.11 | 0.22 | 0.22 | 0.22 | 0.22 |
| | 胆碱 (毫克) | 440 | 440 | 330 | 330 | 330 | 330 |
| | 维生素B₁₂(毫克) | 0.013 | 0.013 | 0.013 | 0.013 | 0.013 | 0.013 |
| | 叶酸 (毫克) | 0.88 | 0.88 | 1.65 | 1.65 | 1.65 | 1.65 |
| | 抗氧化剂 (毫克) | 120 | 120 | 120 | 120 | 120 | 120 |

注:①18~23周龄
②预产料从24周开始饲喂,也可从22周开始饲喂
③需要时从45~50周开始饲喂
④喂预产料时从24周开始饲喂。否则,从22周开始饲喂
⑤假定能量水平为11045.76~12196.36千焦/千克。每种氨基酸的最低值与较低的蛋白质水平相关
⑥每千克饲料需要添加量;IU代表国际单位

## 表 6-2 肉用仔鸡的营养标准（上）

| 项　　目 | | 0～4 周龄 | | 5 周龄以上 | |
|---|---|---|---|---|---|
| 代谢能　　（兆焦/千克） | | 12.13 | | 12.55 | |
| 粗蛋白质　　　（%） | | 21.0 | | 19.0 | |
| 蛋白能量比　（克/兆焦） | | 17.21 | | 15.06 | |
| 钙　　　　　　（%） | | 1.00 | | 0.90 | |
| 总磷　　　　　（%） | | 0.65 | | 0.65 | |
| 食盐　　　　　（%） | | 0.37 | | 0.35 | |
| 氨　基　酸 | % | 克/兆焦 | | % | 克/兆焦 |
| 蛋氨酸 | 0.45 | 0.37 | | 0.36 | 0.28 |
| 蛋氨酸＋胱氨酸 | 0.84 | 0.69 | | 0.68 | 0.54 |
| 赖氨酸 | 1.09 | 0.89 | | 0.94 | 0.75 |
| 色氨酸 | 0.21 | 0.17 | | 0.17 | 0.13 |
| 精氨酸 | 1.31 | 1.07 | | 1.13 | 0.89 |
| 亮氨酸 | 1.22 | 1.01 | | 1.11 | 0.88 |
| 异亮氨酸 | 0.73 | 0.60 | | 0.66 | 0.52 |
| 苯丙氨酸 | 0.65 | 0.54 | | 0.59 | 0.47 |
| 苯丙氨酸＋酪氨酸 | 1.21 | 1.00 | | 1.10 | 0.87 |
| 苏氨酸 | 0.73 | 0.60 | | 0.69 | 0.55 |
| 缬氨酸 | 0.74 | 0.61 | | 0.68 | 0.54 |
| 组氨酸 | 0.32 | 0.26 | | 0.28 | 0.22 |
| 甘氨酸＋丝氨酸 | 1.36 | 1.12 | | 0.94 | 0.75 |

## 表 6-2　肉用仔鸡的营养标准（下）

（维生素、亚油酸和无机盐部分。单位：每千克含量）

| 营　养　成　分 | | 0～4 周龄 | 5 周龄以上 |
|---|---|---|---|
| 有效维生素 A | （IU） | 2700.0 | 2700.0 |
| 维生素 D | （鸡 IU） | 400.0 | 400.0 |
| 维生素 E | （IU） | 10.0 | 10.0 |
| 维生素 K | （毫克） | 0.5 | 0.5 |
| 硫胺素 | （毫克） | 1.8 | 1.8 |
| 核黄素 | （毫克） | 7.2 | 3.6 |

| 营 养 成 分 | | 0～4周龄 | 5周龄以上 |
|---|---|---|---|
| 泛 酸 | （毫克） | 10.0 | 10.0 |
| 烟 酸 | （毫克） | 27.0 | 27.0 |
| 吡哆醇 | （毫克） | 3.0 | 3.0 |
| 生物素 | （毫克） | 0.15 | 0.15 |
| 胆 碱 | （毫克） | 1300 | 850 |
| 叶 酸 | （毫克） | 0.55 | 0.55 |
| 维生素 $B_{12}$ | （毫克） | 0.009 | 0.004 |
| 铜 | （毫克） | 8 | 8 |
| 碘 | （毫克） | 0.35 | 0.35 |
| 铁 | （毫克） | 80 | 80 |
| 锰 | （毫克） | 60 | 60 |
| 锌 | （毫克） | 40 | 40 |
| 硒 | （毫克） | 0.15 | 0.15 |
| 亚油酸 | （克） | 10.0 | 10.0 |

### 表 6-3　地方品种肉用鸡营养标准试行方案
（适用于地方中等肉用型鸡）

| 周 　 龄 | 0～5 | 6～11 | 12 以上 |
|---|---|---|---|
| 代谢能　（兆焦/千克） | 11.72 | 12.13 | 12.55 |
| 粗蛋白质　　（%） | 20.00 | 18.00 | 16.00 |
| 蛋白能量比（克/兆焦） | 17.06 | 14.82 | 12.74 |

注：其他营养需要指标参照后备鸡和肉用仔鸡的饲养标准执行

　　表 6-2，表 6-3 中所表述的是肉用仔鸡和地方品种肉用鸡在不同时期的营养需要，按此配制而成的各种营养物质间符合一定比例的饲料是"平衡日粮"。采用这种平衡日粮饲喂肉鸡，才可能满足鸡的各种营养需要，取得好的效益。

　　表 6-4 提供了鸡的常用饲料成分及营养价值的有关数据，它为我们按照营养标准配合日粮提供了依据。

## 表 6-4　鸡常用饲料的成分及营养价值

| 饲　料　名　称 | | 玉米 | 大麦 | 小麦 | 高粱 | 稻谷 | 糙大米 | 碎大米 |
|---|---|---|---|---|---|---|---|---|
| 干物质 | （%） | 88.40 | 88.80 | 91.80 | 89.30 | 90.60 | 87.00 | 88.00 |
| 代谢能 | （兆卡/千克） | 3.36 | 2.66 | 3.08 | 3.11 | 2.55 | 3.34 | 3.37 |
| | （兆焦/千克） | 14.06 | 11.13 | 12.89 | 13.01 | 10.67 | 13.97 | 14.10 |
| 粗蛋白质 | （%） | 8.60 | 10.80 | 12.10 | 8.70 | 8.30 | 8.80 | 8.80 |
| 粗脂肪 | （%） | 3.50 | 2.00 | 1.80 | 3.30 | 1.50 | 2.00 | 2.20 |
| 粗纤维 | （%） | 2.00 | 4.70 | 2.40 | 2.20 | 8.50 | 0.70 | 1.10 |
| 无氮浸出物 | （%） | 72.90 | 68.10 | 73.20 | 72.90 | 67.50 | 74.20 | 74.30 |
| 粗灰分 | （%） | 1.40 | 3.20 | 2.30 | 2.20 | 4.80 | 1.30 | 1.60 |
| 钙 | （%） | 0.04 | 0.12 | 0.07 | 0.09 | 0.07 | 0.04 | 0.04 |
| 总　磷 | （%） | 0.21 | 0.29 | 0.36 | 0.28 | 0.28 | 0.25 | 0.23 |
| 有效磷 | （%） | 0.06 | 0.09 | 0.12 | 0.08 | 0.08 | 0.08 | 0.07 |
| 赖氨酸 | （%） | 0.27 | 0.37 | 0.33 | 0.22 | 0.31 | 0.29 | 0.34 |
| 蛋氨酸 | （%） | 0.13 | 0.13 | 0.14 | 0.08 | 0.10 | 0.14 | 0.18 |
| 胱氨酸 | （%） | 0.18 | 0.22 | 0.30 | 0.12 | 0.12 | 0.14 | 0.18 |
| 色氨酸 | （%） | 0.08 | 0.10 | 0.14 | 0.08 | 0.09 | 0.12 | 0.12 |
| 苏氨酸 | （%） | 0.31 | 0.36 | 0.34 | 0.25 | 0.28 | 0.28 | 0.29 |
| 异亮氨酸 | （%） | 0.29 | 0.37 | 0.46 | 0.24 | 0.29 | 0.30 | 0.32 |
| 组氨酸 | （%） | 0.24 | 0.18 | 0.27 | 0.17 | 0.17 | 0.17 | 0.19 |
| 缬氨酸 | （%） | 0.46 | 0.55 | 0.57 | 0.36 | 0.47 | 0.49 | 0.46 |
| 亮氨酸 | （%） | 1.05 | 0.70 | 0.80 | 1.05 | 0.58 | 0.61 | 0.59 |
| 精氨酸 | （%） | 0.44 | 0.51 | 0.53 | 0.32 | 0.61 | 0.65 | 0.67 |
| 苯丙氨酸 | （%） | 0.47 | 0.50 | 0.59 | 0.44 | 0.36 | 0.34 | 0.40 |
| 酪氨酸 | （%） | 0.32 | 0.34 | 0.40 | 0.32 | 0.32 | 0.42 | 0.38 |
| 甘氨酸 | （%） | 0.34 | 0.41 | 0.49 | 0.30 | 0.36 | 0.35 | 0.37 |
| 丝氨酸 | （%） | 0.38 | 0.46 | 0.52 | 0.32 | 0.40 | 0.41 | 0.44 |

| 饲 料 名 称 | | 裸大麦<br>（青稞） | 粟<br>（谷子） | 小米 | 燕麦 | 大豆 | 黑豆 | 豌豆 |
|---|---|---|---|---|---|---|---|---|
| 干物质 | （%） | 88.00 | 91.90 | 86.80 | 90.30 | 88.00 | 88.00 | 88.00 |
| 代谢能 | （兆卡/千克） | 2.77 | 2.42 | 3.36 | 2.70 | 3.36 | 3.14 | 2.73 |
| | （兆焦/千克） | 11.59 | 10.13 | 14.06 | 11.30 | 14.06 | 13.14 | 11.42 |
| 粗蛋白质 | （%） | 12.00 | 9.70 | 8.90 | 11.60 | 37.00 | 36.10 | 22.00 |
| 粗脂肪 | （%） | 1.80 | 2.60 | 2.70 | 5.20 | 16.20 | 14.50 | 1.50 |
| 粗纤维 | （%） | 2.50 | 7.40 | 1.30 | 8.90 | 5.10 | 6.70 | 5.90 |
| 无氮浸出物 | （%） | 69.40 | 67.10 | 72.50 | 60.70 | 25.10 | 26.40 | 55.10 |
| 粗灰分 | （%） | 2.10 | 5.10 | 1.40 | 3.00 | 4.60 | 4.30 | 2.90 |
| 钙 | （%） | 0.08 | 0.06 | 0.05 | 0.15 | 0.27 | 0.24 | 0.13 |
| 总 磷 | （%） | 0.31 | 0.26 | 0.32 | 0.33 | 0.48 | 0.48 | 0.39 |
| 有效磷 | （%） | 0.09 | 0.08 | 0.10 | 0.10 | 0.14 | 0.14 | 0.12 |
| 赖氨酸 | （%） | 0.47 | 0.18 | 0.15 | 0.40 | 2.30 | 2.18 | 1.61 |
| 蛋氨酸 | （%） | 0.13 | 0.22 | 0.26 | 0.20 | 0.40 | 0.37 | 0.10 |
| 胱氨酸 | （%） | 0.22 | 0.18 | 0.21 | 0.17 | 0.55 | 0.55 | 0.46 |
| 色氨酸 | （%） | 0.13 | 0.17 | 0.20 | 0.15 | 0.40 | 0.43 | 0.18 |
| 苏氨酸 | （%） | 0.48 | 0.29 | 0.34 | 0.47 | 1.41 | 1.49 | 0.93 |
| 异亮氨酸 | （%） | 0.49 | 0.30 | 0.42 | 0.43 | 1.77 | 1.69 | 0.85 |
| 组氨酸 | （%） | 0.29 | 0.16 | 0.20 | 0.25 | 0.94 | 0.30 | 0.69 |
| 缬氨酸 | （%） | 0.47 | 0.52 | 0.55 | 0.63 | 1.80 | 1.72 | 0.99 |
| 亮氨酸 | （%） | 0.99 | 0.79 | 1.38 | 0.88 | 2.94 | 2.91 | 1.55 |
| 精氨酸 | （%） | 0.72 | 0.26 | 0.32 | 0.87 | 2.92 | 2.75 | 2.88 |
| 苯丙氨酸 | （%） | 0.50 | 0.42 | 0.59 | 0.58 | 1.81 | 1.93 | 1.05 |
| 酪氨酸 | （%） | 0.52 | 0.28 | 0.39 | 0.36 | 1.32 | 1.31 | 0.73 |
| 甘氨酸 | （%） | 0.41 | 0.31 | 0.34 | 0.61 | 1.64 | 1.58 | 1.01 |
| 丝氨酸 | （%） | 0.61 | 0.47 | 0.39 | 0.63 | 2.03 | 1.77 | 1.13 |

| 饲 料 名 称 | | 蚕豆 | 豆饼（机榨） | 豆粕（浸提） | 黑豆饼（机榨） | 菜子饼（机榨） | 菜子粕（浸提） | 棉子饼（带部分壳机榨） |
|---|---|---|---|---|---|---|---|---|
| 干物质 | （%） | 88.00 | 90.60 | 92.40 | 88.00 | 92.20 | 91.20 | 92.20 |
| 代谢能 | （兆卡/千克） | 2.58 | 2.46 | 2.46 | 2.52 | 2.02 | 1.91 | 1.95 |
| | （兆焦/千克） | 10.79 | 11.05 | 10.29 | 10.54 | 8.45 | 7.99 | 8.16 |
| 粗蛋白质 | （%） | 24.90 | 43.00 | 47.20 | 39.80 | 36.40 | 38.50 | 33.80 |
| 粗脂肪 | （%） | 1.40 | 5.40 | 1.10 | 4.90 | 7.80 | 1.40 | 6.00 |
| 粗纤维 | （%） | 7.50 | 5.70 | 5.40 | 6.90 | 10.70 | 11.80 | 15.10 |
| 无氮浸出物 | （%） | 50.40 | 30.60 | 32.60 | 29.70 | 29.80 | 32.80 | 31.20 |
| 粗灰分 | （%） | 3.30 | 5.90 | 6.10 | 6.70 | 8.00 | 6.70 | 6.10 |
| 钙 | （%） | 0.15 | 0.32 | 0.32 | 0.42 | 0.73 | 0.79 | 0.31 |
| 总 磷 | （%） | 0.40 | 0.50 | 0.62 | 0.48 | 0.95 | 0.96 | 0.64 |
| 有效磷 | （%） | 0.12 | 0.15 | 0.19 | 0.14 | 0.29 | 0.29 | 0.19 |
| 赖氨酸 | （%） | 1.66 | 2.45 | 2.54 | 2.33 | 1.23 | 1.35 | 1.29 |
| 蛋氨酸 | （%） | 0.12 | 0.48 | 0.51 | 0.46 | 0.61 | 0.77 | 0.36 |
| 胱氨酸 | （%） | 0.52 | 0.60 | 0.65 | 0.60 | 0.61 | 0.69 | 0.38 |
| 色氨酸 | （%） | 0.21 | 0.60 | 0.65 | 0.47 | 0.45 | 0.51 | 0.35 |
| 苏氨酸 | （%） | 0.94 | 1.74 | 1.85 | 1.79 | 1.52 | 1.64 | 1.15 |
| 异亮氨酸 | （%） | 1.01 | 1.97 | 2.15 | 1.85 | 1.36 | 1.45 | 1.00 |
| 组氨酸 | （%） | 0.64 | 1.10 | 1.18 | 1.02 | 0.87 | 0.94 | 0.86 |
| 缬氨酸 | （%） | 1.18 | 2.04 | 2.19 | 1.88 | 1.74 | 1.87 | 1.59 |
| 亮氨酸 | （%） | 1.83 | 3.30 | 3.46 | 3.14 | 2.36 | 2.58 | 1.98 |
| 精氨酸 | （%） | 2.40 | 3.18 | 3.40 | 3.02 | 1.87 | 1.98 | 3.57 |
| 苯丙氨酸 | （%） | 1.04 | 2.01 | 2.25 | 2.13 | 1.55 | 1.86 | 1.77 |
| 酪氨酸 | （%） | 0.86 | 1.44 | 1.57 | 1.43 | 0.95 | 1.04 | 1.02 |
| 甘氨酸 | （%） | 1.07 | 1.86 | 1.97 | 1.76 | 1.70 | 1.84 | 1.56 |
| 丝氨酸 | （%） | 1.33 | 2.32 | 2.44 | 2.32 | 1.57 | 1.74 | 1.54 |

| 饲 料 名 称 | | 棉子粕（带部分壳浸提） | 花生仁饼（机榨） | 胡麻仁饼（机榨） | 胡麻仁粕（浸提） | 芝麻饼（机榨） | 葵花子粕（带部分壳浸提） | 葵花子饼（带部分壳压榨） |
|---|---|---|---|---|---|---|---|---|
| 干物质 | （％） | 91.00 | 90.00 | 92.00 | 89.00 | 92.00 | 92.50 | 93.80 |
| 代谢能 | （兆卡/千克） | 1.90 | 2.93 | 1.86 | 1.70 | 2.14 | 1.42 | 1.66 |
| | （兆焦/千克） | 7.95 | 12.26 | 7.78 | 7.11 | 8.95 | 5.94 | 6.94 |
| 粗蛋白质 | （％） | 41.40 | 43.90 | 33.10 | 36.20 | 39.20 | 32.10 | 28.70 |
| 粗脂肪 | （％） | 0.90 | 6.60 | 7.50 | 1.10 | 10.30 | 1.20 | 8.60 |
| 粗纤维 | （％） | 12.90 | 5.30 | 9.80 | 9.20 | 7.20 | 22.80 | 19.80 |
| 无氮浸出物 | （％） | 29.40 | 29.10 | 34.00 | 35.70 | 24.90 | 30.50 | 31.90 |
| 粗灰分 | （％） | 6.40 | 5.10 | 7.60 | 6.80 | 10.40 | 5.90 | 4.60 |
| 钙 | （％） | 0.36 | 0.25 | 0.58 | 0.58 | 2.24 | 0.41 | 0.65 |
| 总 磷 | （％） | 1.02 | 0.52 | 0.77 | 0.77 | 1.19 | 0.84 | 0.81 |
| 有效磷 | （％） | 0.31 | 0.16 | 0.23 | 0.23 | 0.36 | 0.25 | 0.21 |
| 赖氨酸 | （％） | 1.39 | 1.35 | 1.18 | 1.20 | 0.93 | 1.17 | 1.13 |
| 蛋氨酸 | （％） | 0.41 | 0.39 | 0.44 | 0.50 | 0.81 | 0.66 | 0.46 |
| 胱氨酸 | （％） | 0.46 | 0.63 | 0.31 | 0.50 | 0.50 | 0.70 | 0.70 |
| 色氨酸 | （％） | 0.50 | 0.30 | 0.40 | 0.48 | 0.40 | 0.60 | 0.58 |
| 苏氨酸 | （％） | 1.29 | 1.23 | 1.20 | 1.29 | 1.32 | 1.50 | 1.22 |
| 异亮氨酸 | （％） | 1.20 | 1.34 | 1.25 | 1.27 | 1.42 | 1.74 | 1.13 |
| 组氨酸 | （％） | 1.05 | 0.92 | 0.63 | 0.76 | 0.81 | 1.00 | 0.82 |
| 缬氨酸 | （％） | 1.76 | 1.66 | 1.52 | 1.59 | 1.84 | 2.30 | 2.25 |
| 亮氨酸 | （％） | 2.14 | 2.78 | 2.02 | 2.10 | 2.52 | 2.60 | 2.47 |
| 精氨酸 | （％） | 3.75 | 5.16 | 2.97 | 3.14 | 3.97 | 2.90 | 2.40 |
| 苯丙氨酸 | （％） | 1.98 | 2.20 | 1.60 | 1.68 | 1.68 | 1.90 | 1.77 |
| 酪氨酸 | （％） | 1.18 | 1.60 | 0.76 | 0.92 | 1.21 | 0.84 | 0.78 |
| 甘氨酸 | （％） | 1.70 | 2.45 | 1.91 | 1.92 | 1.81 | 1.43 | 1.07 |
| 丝氨酸 | （％） | 1.68 | 1.67 | 1.22 | 1.34 | 1.53 | 1.20 | 0.78 |

| 饲 料 名 称 | | 米糠饼 | 玉米胚芽饼（机榨） | 小麦麸 | 小麦麸（七二粉麸） | 小麦麸（八四粉麸） | 米糠（无稻壳） | 甘薯粉 |
|---|---|---|---|---|---|---|---|---|
| 干物质 | （％） | 90.70 | 90.00 | 88.60 | 88.00 | 88.00 | 90.20 | 89.00 |
| 代谢能（兆卡/千克） | | 2.24 | 2.28 | 1.57 | 1.90 | 1.73 | 2.61 | 2.82 |
| （兆焦/千克） | | 9.37 | 9.54 | 6.57 | 7.95 | 7.24 | 10.92 | 11.80 |
| 粗蛋白质 | （％） | 15.20 | 16.80 | 14.40 | 14.20 | 15.40 | 12.10 | 3.80 |
| 粗脂肪 | （％） | 7.30 | 8.70 | 3.70 | 3.10 | 2.00 | 15.50 | 1.30 |
| 粗纤维 | （％） | 8.90 | 5.70 | 9.20 | 7.30 | 8.20 | 9.20 | 2.20 |
| 无氮浸出物 | （％） | 49.30 | 51.10 | 56.20 | 58.40 | 58.00 | 43.30 | 79.20 |
| 粗灰分 | （％） | 10.00 | 4.40 | 5.10 | 5.00 | 4.40 | 10.10 | 2.50 |
| 钙 | （％） | 0.12 | 0.03 | 0.18 | 0.12 | 0.14 | 0.14 | 0.15 |
| 总 磷 | （％） | 1.49 | 0.85 | 0.78 | 0.85 | 1.06 | 1.04 | 0.11 |
| 有效磷 | （％） | 0.45 | 0.23 | 0.23 | 0.26 | 0.82 | 0.31 | 0.03 |
| 赖氨酸 | （％） | 0.63 | 0.69 | 0.47 | 0.54 | 0.54 | 0.56 | 0.14 |
| 蛋氨酸 | （％） | 0.23 | 0.23 | 0.15 | 0.17 | 0.18 | 0.25 | 0.04 |
| 胱氨酸 | （％） | 0.22 | 0.34 | 0.33 | 0.40 | 0.40 | 0.20 | 0.05 |
| 色氨酸 | （％） | 0.17 | 0.17 | 0.23 | 0.27 | 0.27 | 0.16 | 0.03 |
| 苏氨酸 | （％） | 0.56 | 0.62 | 0.45 | 0.51 | 0.54 | 0.46 | 0.15 |
| 异亮氨酸 | （％） | 0.55 | 0.49 | 0.37 | 0.44 | 0.46 | 0.45 | 0.12 |
| 组氨酸 | （％） | 0.35 | 0.45 | 0.35 | 0.42 | 0.42 | 0.32 | 0.05 |
| 缬氨酸 | （％） | 0.81 | 0.83 | 0.67 | 0.74 | 0.75 | 0.67 | 0.17 |
| 亮氨酸 | （％） | 1.10 | 1.20 | 0.80 | 0.90 | 0.95 | 0.90 | 0.20 |
| 精氨酸 | （％） | 1.10 | 1.12 | 0.95 | 1.07 | 1.13 | 0.95 | 0.14 |
| 苯丙氨酸 | （％） | 0.65 | 0.57 | 0.48 | 0.55 | 0.55 | 0.55 | 0.20 |
| 酪氨酸 | （％） | 0.45 | 0.52 | 0.37 | 0.45 | 0.45 | 0.38 | 0.14 |
| 甘氨酸 | （％） | 0.83 | 0.84 | 0.75 | 0.85 | 0.85 | 0.78 | 0.14 |
| 丝氨酸 | （％） | 0.71 | 0.74 | 0.53 | 0.60 | 0.65 | 0.68 | 0.12 |

| 饲 料 名 称 | | 木薯粉 | 鱼粉（等外） | 鱼粉（国产） | 鱼粉（进口） | 肉骨粉 | 蚕蛹（全脂） | 蚕蛹渣（脱脂） |
|---|---|---|---|---|---|---|---|---|
| 干物质 | （％） | 87.20 | 91.20 | 89.50 | 89.00 | 94.00 | 91.00 | 89.30 |
| 代谢能（兆卡/千克） | | 2.78 | 2.00 | 2.45 | 2.90 | 2.72 | 3.14 | 2.73 |
| （兆焦/千克） | | 11.63 | 8.37 | 10.25 | 12.13 | 11.38 | 4.27 | 11.42 |
| 粗蛋白质 | （％） | 3.80 | 38.60 | 55.10 | 60.50 | 53.40 | 53.90 | 64.80 |
| 粗脂肪 | （％） | 0.20 | 4.60 | 9.30 | 9.70 | 9.90 | 22.80 | 3.90 |
| 粗纤维 | （％） | 2.80 | — | — | — | — | — | — |
| 无氮浸出物 | （％） | 78.40 | — | — | — | — | — | — |
| 粗灰分 | （％） | 2.00 | 27.30 | 18.90 | 14.40 | 28.00 | 2.90 | 4.70 |
| 钙 | （％） | 0.16 | 6.13 | 4.59 | 3.91 | 9.20 | 0.25 | 0.19 |
| 总 磷 | （％） | 0.08 | 1.03 | 2.15 | 2.90 | 4.70 | 0.58 | 0.75 |
| 有效磷 | （％） | 0.02 | 1.03 | 2.15 | 2.90 | 4.70 | 0.58 | 0.75 |
| 赖氨酸 | （％） | 0.09 | 2.12 | 3.64 | 4.35 | 2.60 | 3.66 | 4.85 |
| 蛋氨酸 | （％） | 0.03 | 0.89 | 1.44 | 1.65 | 0.67 | 2.21 | 2.92 |
| 胱氨酸 | （％） | 0.03 | 0.41 | 0.47 | 0.56 | 0.33 | 0.53 | 0.66 |
| 色氨酸 | （％） | 0.02 | 0.60 | 0.70 | 0.80 | 0.26 | 1.25 | 1.50 |
| 苏氨酸 | （％） | 0.07 | 1.75 | 2.22 | 2.88 | 1.94 | 2.41 | 3.14 |
| 异亮氨酸 | （％） | 0.07 | 1.82 | 2.23 | 2.42 | 1.70 | 2.37 | 3.39 |
| 组氨酸 | （％） | 0.04 | 0.75 | 0.90 | 1.66 | 0.96 | 1.29 | 1.87 |
| 缬氨酸 | （％） | 0.11 | 1.99 | 2.29 | 2.80 | 2.25 | 2.97 | 3.79 |
| 亮氨酸 | （％） | 0.12 | 2.96 | 3.85 | 4.28 | 3.20 | 3.78 | 4.92 |
| 精氨酸 | （％） | 0.26 | 2.73 | 3.02 | 3.85 | 3.84 | 2.86 | 3.53 |
| 苯丙氨酸 | （％） | 0.07 | 1.49 | 2.10 | 2.68 | 1.70 | 2.27 | 3.78 |
| 酪氨酸 | （％） | — | 1.16 | 1.63 | 2.12 | 1.41 | 3.44 | 4.71 |
| 甘氨酸 | （％） | 0.08 | 8.05 | 3.76 | 4.26 | 6.90 | 2.88 | 2.96 |
| 丝氨酸 | （％） | — | 1.36 | 2.10 | 2.63 | 2.92 | 2.40 | 3.20 |

| 饲 料 名 称 | | 血 粉（喷雾干燥猪血） | 饲料酵母（白地霉） | 苜蓿草粉（优质） | 槐叶粉 | 骨粉（脱胶） |
|---|---|---|---|---|---|---|
| 干物质 | （％） | 88.90 | 91.90 | 89.00 | 90.30 | 95.20 |
| 代谢能 | （兆卡/千克） | 2.46 | 2.19 | 0.81 | 0.95 | — |
| | （兆焦/千克） | 10.29 | 9.16 | 3.39 | 3.97 | — |
| 粗蛋白质 | （％） | 84.70 | 41.30 | 20.40 | 18.10 | |
| 粗脂肪 | （％） | 0.40 | 1.60 | 3.20 | 3.10 | |
| 粗纤维 | （％） | — | — | 19.70 | 11.00 | |
| 无氮浸出物 | （％） | — | 32.10 | 35.60 | 46.10 | |
| 粗灰分 | （％） | 2.20 | 16.90 | 10.10 | 12.00 | |
| 钙 | （％） | 0.20 | 2.20 | 1.46 | 2.21 | 36.40 |
| 总 磷 | （％） | 0.22 | 2.92 | 0.22 | 0.21 | 16.40 |
| 有效磷 | （％） | 0.22 | — | — | — | 16.40 |
| 赖氨酸 | （％） | 7.07 | 2.32 | 0.83 | 0.84 | |
| 蛋氨酸 | （％） | 0.68 | 1.73 | 0.14 | 0.22 | — |
| 胱氨酸 | （％） | 1.69 | 0.78 | 0.16 | 0.12 | |
| 色氨酸 | （％） | 1.43 | 0.44 | 0.20 | 0.14 | |
| 苏氨酸 | （％） | 3.51 | 2.12 | 0.63 | 0.72 | |
| 异亮氨酸 | （％） | 0.88 | 1.80 | 0.66 | 0.72 | |
| 组氨酸 | （％） | 6.01 | 0.73 | 0.37 | 0.33 | |
| 缬氨酸 | （％） | 7.64 | 2.08 | 1.07 | 0.89 | |
| 亮氨酸 | （％） | 11.96 | 2.78 | 1.08 | 1.33 | |
| 精氨酸 | （％） | 4.13 | 1.86 | 0.46 | 0.88 | |
| 苯丙氨酸 | （％） | 6.05 | 1.42 | 1.27 | 0.87 | — |
| 酪氨酸 | （％） | 2.16 | 1.40 | 0.35 | 0.62 | |
| 甘氨酸 | （％） | 4.12 | 1.85 | 0.69 | 0.86 | — |
| 丝氨酸 | （％） | 3.64 | 1.98 | 0.66 | 0.89 | |

| 饲 料 名 称 | | 蛋壳粉 | 贝壳粉 | 石 粉 | 植物油 | 动物油 |
|---|---|---|---|---|---|---|
| 干物质 | （％） | — | — | — | 99.50 | 99.50 |
| 代谢能 | （兆卡/千克） | — | — | | 8.80 | 7.70 |
| | （兆焦/千克） | — | — | | 36.82 | 32.22 |
| 粗蛋白质 | （％） | — | — | | — | — |
| 粗脂肪 | （％） | — | — | | 99.40 | 99.40 |
| 粗纤维 | （％） | — | — | | — | — |
| 无氮浸出物 | （％） | — | — | | — | — |
| 粗灰分 | （％） | — | — | | — | — |
| 钙 | （％） | 37.00 | 33.40 | 35.00 | — | — |
| 总 磷 | （％） | 0.15 | 0.14 | | — | — |
| 有效磷 | （％） | 0.15 | 0.14 | | — | — |

## （二）能 量

能量是饲料中的基本营养指标，在肉鸡的配合饲料中它所占的比例最大，所以在配合日粮时，首先考虑满足能量指标将便于整个饲料配方的调整。

鸡为了获得每天所需要的能量，可以在一定范围内随着饲料能量水平的高低而调节采食量。所以鸡有"为能而食"之说，高能日粮吃少些，低能日粮就吃多些。在配合日粮时，首先要确定能满足要求的能量水平，然后调整蛋白质及各种营养物质与能量成适当的比例。这种适当的比例，从鸡的营养需要角度来衡量，就是一种平衡。这样的日粮称为平衡日粮。

肉鸡在采食一定量的平衡日粮后,既获得了所需要的能量,同时又吃进了足够量的蛋白质和各种营养物质,因而能发挥它最高的生产潜力,饲料利用率也最好。

这里所指的平衡,是指蛋白能量比,就是说每兆焦代谢能饲料中应该含有多少克蛋白质。如肉用仔鸡前期的配合饲料中,每千克饲料含 12.13 兆焦代谢能,蛋白质为 21%,则蛋白能量比*为 17.3。也就是说肉鸡每吃进 1 兆焦能量的同时,吃进了 17.3 克蛋白质。

一般的肉用仔鸡饲料中,能量水平是前期低、后期高,若配料时不注意,将其颠倒过来,就不符合肉用仔鸡的生长发育规律,会导致前期采食量减少,蛋白质数量不足,生长速度缓慢;而后期因能量不足,必须分解蛋白质以补充能量而浪费蛋白质饲料。这两种结果都将导致肉用仔鸡的生长速度减缓,饲料消耗增加,经济效益必然下降。

近年来,有人试用低能量饲料喂养肉用仔鸡,但此种饲料还是按每兆焦代谢能携带一定比例的各种营养物质,也就是说其蛋白能量比基本保持不变。由于鸡有自行调节其采食能量的本能,如在雏鸡阶段就喂低能饲料,就可以从小锻炼其多采食的习惯,扩充其嗉囊,在以后的饲养中几乎可以采食到标准规定的能量水平。而其他各种营养物质由于与能量保持一定的比例,所以也基本满足了肉鸡的需要,因此,采用低能饲料饲养肉用仔鸡也能取得比较满意的效果。这对于蛋白质饲料资源缺乏或价格昂贵的地区是可以一试的。

---

\* 蛋白能量比 $=\dfrac{蛋白质(克/千克)}{代谢能(兆焦/千克)}=\dfrac{21\%}{12.13\ 兆焦/千克}=\dfrac{210\ 克/千克}{12.13\ 兆焦/千克}$
$=17.3\ 克/兆焦$

## （三）蛋 白 质

蛋白质是维持生命、修补组织、生长发育的基本物质,它在饲料中的含量是非常重要的。可是,只增加蛋白质的含量,哪怕是采用高蛋白质饲料,鸡也不一定能长得很好。

饲料中的蛋白质进入鸡体后,经消化分解成许多氨基酸,其中有一类氨基酸是鸡体最需要、在体内又不能合成的所谓"限制性氨基酸"(必需氨基酸)。这类氨基酸包括:蛋氨酸、赖氨酸、色氨酸、组氨酸、苏氨酸、精氨酸、异亮氨酸、亮氨酸、苯丙氨酸、缬氨酸、胱氨酸、酪氨酸和甘氨酸。当其在日粮中供应不足时,就限制了其他各种氨基酸的利用率,也降低了整个蛋白质的有效利用率。如果鸡的日粮中尽管其他各种氨基酸供给充足,而蛋氨酸的供应只达到营养需要的 60%,日粮中蛋白质的有效利用率就受到限制,仅能利用 60%,其余的 40% 在肝脏中脱氨,随尿排出体外,不但造成蛋白质浪费、加大饲养成本,而且鸡也长不好,甚至会引起代谢障碍。有时候,采用高蛋白质饲料养鸡,鸡体内可能会出现很多远远超过需要量的各种氨基酸,而真正缺少的"限制性氨基酸"仍不能满足,结果是事倍功半,鸡并没有养好。

一般谷类饲料中缺少赖氨酸,而豆类饲料则缺少蛋氨酸,因此,它们在鸡体内一般仅有 20%～30% 能被吸收并转为体蛋白,其余的就转为热能而散发,这就是在缺少动物性蛋白质饲料时,植物性蛋白质的利用率低的缘故。

因此,在配料时,不仅要考虑蛋白质的数量,还要注意其中"限制性氨基酸"的配套和比例关系,可采用合成的氨基酸添加剂来平衡蛋白质中各种氨基酸的比例关系。达到了氨基酸平衡的饲料,其饲料的蛋白质利用率才能充分发挥。

所以，一个配方或配合料中蛋白质利用率的高低，决定于其中必需氨基酸的种类、含量和比例关系。

## （四）脂　肪

饲料中的脂肪，在鸡体的消化道中需经消化成甘油和脂肪酸后才能被吸收利用。它是鸡体内最经济的贮备形式，需要时可转化成热能。

一般饲料中的脂肪含量都能满足鸡的需要，可是在肉用仔鸡的生长过程中，如要提供高能量的饲料，则往往要添加脂肪才能达到，而且脂肪在饲养上的特殊效果也正日益为人们注意，从表 6-5 中可以看到，添加油脂大大提高了肉用仔鸡的生长速度以及能量与蛋白质的利用率。

表 6-5　在不同蛋白质水平日粮中添加与不添加油脂对肉用仔鸡生长的影响

| 红花子油的添加率 | 含 15％蛋白质日粮 | | 含 25％蛋白质日粮 | |
| --- | --- | --- | --- | --- |
| | 3 周龄体重（克） | 饲料消耗比 | 3 周龄体重（克） | 饲料消耗比 |
| 不添加油的基础饲料组 | 210 | 2.11 | 287 | 1.69 |
| 加 1％ | 232 | 2.00 | 302 | 1.66 |
| 加 2％ | 248 | 1.96 | 321 | 1.62 |
| 加 4％ | 258 | 2.01 | 323 | 1.60 |
| 加 8％ | 264 | 1.94 | 319 | 1.55 |

## （五）维 生 素

维生素是参与鸡体新陈代谢的必需物质，有的还是代谢过程中的活化剂和加速剂，其需要量极微，但是，一旦缺乏或长期供应不足就会敏感地反应出来，表现出食欲减退、对疾病抵抗力降低、雏鸡生长不良、死亡率增高、种鸡产蛋率减少、受精率下降、孵化率降低等不良现象。

关于维生素的需要量，实践证明，无论是美国的 NRC 标准或是我国的饲养标准都太低，特别是鸡在应激状态下与生产的要求差距更大。有关国家的饲料配方中的维生素含量见表 6-6。

表 6-6　配合饲料中维生素含量（上）

| 维　生　素 | | 美国 NRC（1977 年） | 泰国 CP 集团（1982 年） | 瑞士 ROCH 公司 | |
| --- | --- | --- | --- | --- | --- |
| | | | | 0～4 周 | 5 周以上 |
| 维生素 A | （IU/千克） | 1500.00 | 9000.00 | 15000.00 | 10000.00 |
| 维生素 $D_3$ | （鸡 IU/千克） | 200.00 | 2400.00 | 1500.00 | 1000.00 |
| 维生素 E | （IU/千克） | 10.00 | 7.20 | 30.00 | 25.00 |
| 维生素 K | （毫克/千克） | 0.50 | 5.40 | 3.00 | 2.00 |
| 硫胺素 | （毫克/千克） | 1.80 | — | 3.00 | 3.00 |
| 核黄素 | （毫克/千克） | 3.60 | 7.80 | 8.00 | 6.00 |
| 泛　酸 | （毫克/千克） | 10.00 | — | 20.00 | 12.00 |
| 泛酸钙 | （毫克/千克） | — | 14.40 | | |
| 烟　酸 | （毫克/千克） | 27.00 | 42.00 | 50.00 | 40.00 |
| 吡哆醇 | （毫克/千克） | 3.00 | 0.16 | 7.00 | 5.00 |
| 生物素 | （毫克/千克） | 0.15 | — | 0.15 | 0.10 |
| 胆　碱 | （毫克/千克） | 1300.00 | — | 1500.00 | 1300.00 |
| 氯化胆碱 | （毫克/千克） | — | 1500.00 | 1500.00 | — |
| 叶　酸 | （毫克/千克） | 0.55 | 0.24 | 1.50 | 0.70 |
| 维生素 $B_{12}$ | （毫克/千克） | 0.009 | 0.016 | 0.03 | 0.02 |
| 维生素 C | （毫克/千克） | — | — | 60.00 | 60.00 |

#### 表 6-6　配合饲料中维生素含量（下）

| 维　生　素 | 前苏联综合资料 | | 德国 BASF (1982 年) | 日　本 |
| --- | --- | --- | --- | --- |
| | 最　　　低 | 适 应 量 | | |
| 维生素 A　　（IU/千克） | 2700～3600 | 5000 | 10000.0 | 11000.00 |
| 维生素 D$_3$　（鸡 IU/千克） | 450～600 | 1000 | 2000.0 | 1100.00 |
| 维生素 E　　（IU/千克） | 4.6 | 7～16 | 30.0 | 11.00 |
| 维生素 K　（毫克/千克） | 1.5～1 | 5 | 2.0 | 2.20 |
| 硫胺素　　（毫克/千克） | 0.8 | 2～2.5 | 3.0 | 2.20 |
| 核黄素　　（毫克/千克） | 2～4 | 5～6 | 6.0 | 4.40 |
| 泛　酸　　（毫克/千克） | 1.5～6.5 | 10～16 | 8.0 | 14.30 |
| 泛酸钙　　（毫克/千克） | — | — | — | — |
| 烟　酸　　（毫克/千克） | 9 | 20～30 | 30.0 | 33.00 |
| 吡哆醇　　（毫克/千克） | 2.8 | 3～3.5 | 3.0 | 4.40 |
| 生物素　　（毫克/千克） | 0.1 | 0.22～0.39 | 50.0 | |
| 胆　碱　　（毫克/千克） | 450～1100 | — | — | 1320.00 |
| 氯化胆碱　（毫克/千克） | — | — | 500.0 | — |
| 叶　酸　　（毫克/千克） | 0.24～5 | 0.5～1.0 | 0.5 | 1.32 |
| 维生素 B$_{12}$（毫克/千克） | 0.02～0.028 | 0.012～0.015 | 20.0 | 0.011 |
| 维生素 C　（毫克/千克） | | 50～100 | 30.0 | |

## （六）无 机 盐

　　无机盐是鸡体组织和细胞、特别是形成骨骼最重要的成分,某些微量元素还是维生素、酶、激素的组成成分,对维持鸡的生命和健康是不可缺少的。

　　无机盐都存在过量危害的问题,特别是微量元素,稍许过量就会呈毒性反应。常量元素与微量元素中最易发生中毒的有硒、钠、铜、锰、钙、磷、锌等,病症有食盐中毒、骨硬化、结石、骨畸形、胚胎畸形、孵化率下降等。所以,在配合饲料时应按饲养标准、饲料的相应含量添加,并根据鸡体的需要均衡地连续供应,添加时最好采用逐步扩散的方法搅拌均匀。

钙磷对鸡的生长、产蛋、孵化等都有重要的作用,是鸡体内含量最多的常量元素,体内 99% 的钙和 80% 以上的磷都存在于鸡的骨骼中。鸡骨骼的灰分中含钙 37%,含磷 18%～19%,钙与磷的比约为 2:1。

钙能帮助维持神经、肌肉和心脏的正常生理活动,维持鸡体内的酸碱平衡,促进血液凝固。

钙是产蛋鸡限制性的营养物质,足够数量的钙能保证优质蛋壳。蛋中钙来自饲料和身体两个方面,嗉囊和骨骼是钙的贮存库,但其贮存能力有限,不管每天钙的采食量多高,能贮存的钙每天只有 1.5 克。过量的钙排出体外,常见的是蛋壳上有白垩状沉积和两端粗糙。当日粮中供钙不足时,母鸡在短期内可动用体内贮存的钙,如不及时补充,鸡食欲减退,逐渐消瘦,严重时下软壳蛋,甚至完全停产。

饲料中的钙只有 50%～60% 可被鸡吸收。各类鸡对钙的需要量是:雏鸡、肉用仔鸡和后备鸡为日粮的 0.6%～1%,产蛋母鸡为 3%～4%。

我国大部分地区使用的钙源是贝壳和石灰石,一般认为,石灰石以 80 目为最佳,牡蛎壳中以颗粒状的溶解度最好,在选择时应去掉粉状的贝壳和大粒石灰石,选择粒度为 2～4 毫米的石灰石和大粒贝壳砂,最好采用小粒石灰石与大粒贝壳 2:1 的比例混合使用。在饲喂时间上,可采用下午单独补钙或饲喂高钙日粮的方法,这样做对满足鸡对钙的需求、提高产蛋率与蛋壳质量是有益的。如果每千克日粮再添加 300 微克维生素 C,可使血液中钙的浓度提高,明显改善鸡的产蛋性能及其持续性。

磷对鸡的骨骼和身体细胞的形成,对糖类、脂肪和钙的利用以及蛋的形成都是必需的。

鸡能利用天然饲料中有机磷总量的30％。鸡体内许多新陈代谢、能量转化等都需要磷，在各类鸡的日粮中对总磷的需要量都是0.6％。如磷过高，会降低蛋壳质量；低磷日粮可促进钙的吸收，增加蛋壳厚度，但也不能过低，否则会引起产蛋疲劳症而大批死亡。

为保证钙磷的良好利用，一方面应让鸡体多晒太阳，增加维生素D的供应；另一方面日粮中钙与磷的用量应按下列比例供应：雏鸡、肉用仔鸡及育成鸡为1.2～1.5∶1，产蛋种鸡为5～6∶1。如供钙过高，或钙磷比例不当，或缺乏维生素D，都会影响产蛋量。

豆科牧草含钙多，谷物类、糠麸、油饼含磷多，青草、野菜含钙多于磷，贝壳粉、石灰石含钙多，骨粉、磷酸钙等含钙和磷都多，是鸡最好的钙磷补充饲料。

无机盐饲料都是含营养素比较单一的饲料，常用的无机盐营养元素含量见表6-7。

表 6-7　饲料中常用无机盐营养元素含量

| 名　称 | 化　学　式 | 营养元素含量（％） | |
|---|---|---|---|
| 石　粉 | | Ca=38 | |
| 煮骨粉 | | P=11～12 | Ca=24～25 |
| 蒸骨粉 | | P=13～15 | Ca=31～32 |
| 磷酸氢二钠 | $Na_2HPO_4 \cdot 12H_2O$ | P=8.7 | Na=12.8 |
| 亚磷酸氢二钠 | $Na_2HPO_3 \cdot 5H_2O$ | P=14.3 | Na=21.3 |
| 磷酸钠 | $Na_3PO_4 \cdot 12H_2O$ | P=8.2 | Na=12.1 |
| 磷酸氢钙 | $CaHPO_4 \cdot 2H_2O$ | P=18.0 | Ca=23.2 |
| 磷酸钙 | $Ca_3(PO_4)_2$ | P=20.0 | Ca=38.7 |
| 磷灰石 | | P=18.0 | Ca=33.1 |
| 轻质碳酸钙 | $CaCO_3$ | Ca=39～41 | |

| 名　　称 | 化　学　式 | 营养元素含量(%) | |
|---|---|---|---|
| 蛋　壳　粉 | | Ca=24~26 | |
| 贝　壳　粉 | | Ca=38.5 | |
| 氯　化　钠 | NaCl | Na=39.7 | Cl=60.3 |
| 硫　酸　亚　铁 | $FeSO_4 \cdot 7H_2O$ | Fe=20.1 | |
| 硫　酸　亚　铁 | $FeSO_4 \cdot H_2O$ | Fe=32.9 | |
| 三　氯　化　铁 | $FeCl_3 \cdot 6H_2O$ | Fe=20.7 | |
| 碳　酸　亚　铁 | $FeCO_3 \cdot H_2O$ | Fe=41.7 | |
| 氯　化　亚　铁 | $FeCl_2 \cdot 4H_2O$ | Fe=28.1 | |
| 一　氧　化　铁 | FeO | Fe=77.8 | |
| 延胡索酸亚铁 | $FeC_4 \cdot H_2O$ | Fe=32.9 | |
| 碱性碳酸铜(孔雀石) | $Cu_2(CO_3)(OH)_2$ | Cu=57.5 | |
| 氯化铜(绿色) | $CuCl_2 \cdot 2H_2O$ | Cu=37.3 | |
| 氯化铜(白色) | $CuCl_2$ | Cu=64.2 | |
| 硫　酸　铜 | $CuSO_4 \cdot 5H_2O$ | Cu=25.4 | |
| 氧　化　铜 | CuO | Cu=79.9 | |
| 氢　氧　化　铜 | $Cu(OH)_2$ | Cu=65.1 | |
| 碳　酸　锌 | $ZnCO_3$ | Zn=52.1 | |
| 氯　化　锌 | $ZnCl_2$ | Zn=48.0 | |
| 氧　化　锌 | ZnO | Zn=80.3 | |
| 硫　酸　锌 | $ZnSO_4 \cdot 7H_2O$ | Zn=22.7 | |
| 硫　酸　锌 | $ZnSO_4 \cdot H_2O$ | Zn=36.4 | |
| 碳　酸　锰 | $MnCO_3$ | Mn=47.8 | |
| 氯　化　锰 | $MnCl_2 \cdot 4H_2O$ | Mn=27.8 | |
| 氧　化　锰 | MnO | Mn=77.4 | |
| 硫　酸　锰 | $MnSO_4 \cdot 5H_2O$ | Mn=22.7 | |
| 硫　酸　锰 | $MnSO_4 \cdot H_2O$ | Mn=32.5 | |
| 碘　化　钾 | KI | I=76.4 | K=23.6 |
| 碘　化　亚　铜 | CuI | I=66.6 | Cu=33.4 |
| 氯　化　钴 | $CoCl_2$ | Co=45.3 | |
| 碳　酸　钴 | $CoCO_3$ | Co=47~52 | |
| 硫酸钴(干燥) | $CoSO_4$ | Co=33.1 | |
| 硫　酸　钴 | $CoSO_4 \cdot 7H_2O$ | Co=21 | |

| 名　　称 | 化　学　式 | 营养元素含量(%) | |
|---|---|---|---|
| 亚 硒 酸 钠 | $Na_2SeO_3 \cdot 5H_2O$ | Se＝30.03 | |
| 亚 硒 酸 钠 | $Na_2SeO_3$ | Se＝45.6 | Na＝26.6 |
| 硒 酸 钠 | $Na_2SeO_4 \cdot 10H_2O$ | Se＝21.4 | |
| 硒 酸 钠 | $Na_2SeO_4$ | Se＝41.8 | Na＝24.3 |

### （七）抗 生 素

在幼雏的饲料中,添加少量的抗生素,有促进生长发育的效果。其作用机制是:抑制肠道内有害微生物的生长;对某些致病细菌有杀灭作用,使鸡体增加抵抗力;有增进食欲、增加采食量的作用。

在以植物性蛋白质为主要来源的饲料里添加抗生素与维生素 $B_{12}$,可以提高鸡体对植物性饲料中含氮物质的利用率。在肉用仔鸡后期育肥试验中,不含鱼粉的每千克植物性饲料中添加抗生素 36 毫克和维生素 $B_{12}$ 36 微克,比对照组增重提高 50%～100%,所以,在缺乏动物性蛋白质饲料的情况下,可合理地添加抗生素与维生素 $B_{12}$,这是解决动物性蛋白质资源缺乏的一个有效措施。

## 二、肉鸡常用饲料的选用

在使用能量饲料时,必须按照营养和其他因素选择适宜的能量饲料。例如大麦虽然比玉米便宜,可是它降低了适口性,而且大麦用量过多时,又会增加鸡的饮水量,造成鸡舍内过多的水气。小麦副产品的体积较大,当需要较高营养浓度时，就不能多用，否则营养进食量和生产性能会因此受到影响。因此，在能量饲料中首推玉米，它可占饲料中的 60％ 左右。

大多数蛋白质饲料多由于氨基酸的不平衡，在使用上受到限制。也有的由于钙磷的含量不适宜在用量上受到限制。豆饼粉和鱼粉一般作为蛋白质饲料的主要组成部分，但某些鱼粉由于含盐量过多，用量也受到限制。

各种饲料在选用、配合使用时，要注意合理搭配。

### （一）能量饲料

1. 玉米　含淀粉最丰富，是谷类饲料中能量较高的饲料之一。可以产生大量热能和积蓄脂肪，适口性好，是肉用仔鸡后期育肥的好饲料。黄玉米比白玉米含有较多的胡萝卜素、叶黄素，能促进鸡的蛋黄、喙、脚和皮肤的黄色素沉积。玉米中蛋白质少，色氨酸和赖氨酸也不足，钙磷也偏低。玉米在维生素、无机盐的预先混合中可作为扩散剂。玉米最好磨碎到中等粒度，颗粒太粗，微量成分不能均匀分布；颗粒太细，会引起灰尘和硬结，而且会影响鸡的吃食量。

2. 小麦　也是较好的能量饲料。饲料中含有大量磨细的小麦容易粘喙和引起喙坏死现象。因此，小麦要磨得粗一些，而且在饲料中只能占 15％～20％。

3. 高梁　含淀粉丰富，脂肪含量少。因含有单宁酸，味道发涩，适口性差，喂高梁会造成便秘，鸡的皮肤和爪的颜色变浅。故配合量宜在 10％～20％。

4. 大麦　适口性比小麦差，且粗纤维高，用于幼鸡时应去除壳衣。用量在 10％～15％。

5. 碎米　碾米厂筛出的碎米，淀粉含量很高，易于消化，可占饲料的 30%～40%。

6.米糠　是稻谷加工的副产品,新鲜的米糠含脂肪高,多在 16%～20%,粗蛋白质为 10%～12%。雏鸡喂量在 8%,成鸡在 12%以下为好。由于米糠含脂肪多,不利于保存,贮存时间长了,脂肪会酸败而降低饲用价值。所以,应该鲜喂、快喂,不宜作配合饲料的原料。

7.麸皮　含能量低,体积大而纤维素多,其氨基酸种类比其他谷类平衡,B 族维生素和锰磷含量多。麸皮有轻泻作用,用量不宜超过 8%。

8.谷子　营养价值高,适口性好,含核黄素多,是雏鸡开食常用的饲料,可占饲料的 15%～20%。

9.山芋、胡萝卜、南瓜　属块根类饲料,含淀粉和糖分丰富,胡萝卜与南瓜含胡萝卜素丰富。对肉用鸡有催肥作用,可加速鸡增重。为提高其消化率,一般都煮熟后喂,可占饲料的 50%～60%。

### (二)植物性蛋白质饲料

1.豆饼　是鸡常用的蛋白质饲料。用量在 20%左右,应防过量造成下痢。在有其他动物蛋白质饲料时,用量可在 15%左右。有些地区用生黄豆喂鸡,其实生黄豆中含有抗胰蛋白酶等有害物质,对鸡的生长是不利的,其含油量高也难以被鸡利用,所以,生黄豆必须炒熟或热加工破坏其毒素,同时还可以使其脂肪更好地被鸡吸收利用。

2.花生饼　含脂肪较多,在温暖而潮湿的空气中容易酸败变质,不宜久贮。用量不能超过 20%,否则会引起鸡消化不良。

3.棉仁饼　带壳榨油的称棉子饼,脱壳榨油的称棉仁饼。

因它含有棉酚,不仅对鸡有毒,而且棉酚还能和饲料中的赖氨酸结合,影响饲料蛋白质的营养价值。使用土榨棉仁饼时,应在粉碎后按饼重的 2%重量加入硫酸亚铁,然后用水浸泡 24 小时去毒(例如,1 千克棉仁饼粉碎后加 20 克硫酸亚铁,再加水 2.5 升浸泡 24 小时)。机榨棉仁饼不必再作处理。用量均应控制在 5%左右。

4.菜子饼  含有一种叫硫葡萄糖苷的毒素。它在高温条件下与碱作用,水解后可去毒。但雏鸡以不喂为好,其他鸡用量应限制在 5%以下。

饼类饲料应防止发热霉变,否则,常造成黄曲霉污染。黄曲霉毒性很大。同时还要防止农药污染。在饲喂去毒棉仁饼、菜子饼的同时,应多喂青绿饲料。

### (三)动物性蛋白质饲料

动物性蛋白质饲料可以平衡饲料中的限制性氨基酸,以提高饲料的利用率,维持饲料中的维生素平衡,还含有所谓的未知生长因子。

1.鱼粉  是理想的蛋白质补充饲料。限制性氨基酸含量全面,尤以蛋氨酸和赖氨酸较丰富,并含大量的 B 族维生素和钙磷等无机盐,对雏鸡生长和种鸡产蛋有良好作用。但价格高,多配会增加饲料成本,一般用量在 10%左右。肉鸡上市前 10 天鱼粉用量应减少到 5%以下或不用,以免鸡肉有鱼腥味。

目前,有些牌号的土产鱼粉含盐量高、杂质多,有的掺质量差的鱼粉,冒充含蛋白质量高的鱼粉,购用时应特别注意。

2.血粉  含粗蛋白质 80%以上,含有丰富的赖氨酸和精氨酸。但不易被消化,适口性差,所以日粮中只能占 3%左右。

3.蚕蛹　含脂肪高,应脱脂后喂。蚕蛹中有一种腥臭味,多喂会影响鸡肉和蛋的味道。用量应控制在 4% 左右。

4.鱼下脚料　人不能食用的鱼的废弃下脚料,应新鲜运回,避免腐败变质,必须煮熟后拌料喂。

5.羽毛粉　含蛋白质高达 85%,但必须水解后才能作鸡饲料。由于氨基酸极不平衡,用量只能在 5% 左右。除非用氨基酸添加剂进行平衡,否则不能增加用量。

### (四)青绿饲料

青绿饲料含有丰富的胡萝卜素,维生素 $B_2$,维生素 K 和维生素 E 等多种维生素,还含有一种促进雏鸡生长、保证胚胎发育的未知生长因子。它补充了谷物类、油饼类饲料所缺少的营养,是鸡的日粮中维生素的主要来源。它与鸡生长、产蛋、繁殖以及机体健康关系密切。

常用的青绿饲料有胡萝卜、白菜、苦荬菜、紫云英(红花草)等。各类鸡的青绿饲料用量:雏鸡可占日粮的 15%～20%,成鸡占 20%～30%。

没有青饲料可用干草粉代替。苜蓿草粉、洋槐叶粉中的蛋白质、无机盐、维生素较丰富,苜蓿草粉里还含有一些类似激素的营养物质,可促进鸡的生长发育。1 千克紫花苜蓿干叶的营养价值相当于 1 千克麸皮;1 千克洋槐叶粉含有可消化蛋白质高达 400～500 克;松针叶粉含有丰富的胡萝卜素和维生素 E,对鸡的增重、抗病有显著效果。这些多是鸡的廉价维生素补充饲料。肉用仔鸡用量可占日粮的 2%～3%,产蛋鸡可占 3%～5%,但饲喂时必须由少到多,逐步使其适应。

1.使用青绿饲料应注意的事项

第一,要新鲜,不能用腐烂变质的菜皮等,以防亚硝酸盐、氢氰酸中毒。

第二,使用青绿饲料要清洗、消毒。施过未沤制的鸡粪的青饲料,要水洗后用1:5 000的高锰酸钾水漂洗,以免传染病和寄生虫病扩散传播。撒施过农药的青饲料要用水漂洗,以防农药中毒。

第三,青绿饲料最好以二三种混合饲喂,营养效果更好。

2. 调制干草(树叶)粉应注意的事项

第一,及时收集落叶阴干打粉。防止因采摘鲜叶而影响树木生长,损害绿化。

第二,调制干草粉,应采用快速或阴干的方法,防止变黄、霉烂变质,风干后即可加工成干草粉。

在配合饲料中各类饲料所占的比例见表6-8。

表6-8　配合饲料中各类饲料应占比例

| 饲 料 种 类 | | 用　量(%) | |
|---|---|---|---|
| | | 雏　鸡 | 成　鸡 |
| 能量饲料 | 谷物饲料(2～3种或以上) | 40～70 | 30～50 |
| | 糠麸类饲料(1～2种) | 5～10 | 20～30 |
| | 根茎类饲料(以3:1折算代替谷物饲料用量) | 20～30 | 30～40 |
| 蛋白质饲料 | 植物性蛋白质饲料(1～2种) | 10～20 | 10～15 |
| | 动物性蛋白质饲料(1～2种) | 8～15 | 5～8 |
| 青绿饲料 | 干草粉 | 2～5 | 2～5 |
| | 青饲料(按精料总量加喂) | 25～30 | 25～30 |
| 添加剂 | 无机盐、维生素 | 2～3 | 3～5 |

# 三、提高饲料利用价值的新途径

近年来,在鸡营养领域最令人兴奋的是饲用酶研究的进展,这将是下一个十年发生的一场鸡营养的革命。

通过对植物性饲料原料的细胞结构、成分和性质的分析,发现植物细胞壁与细胞间质中存在着很多妨碍消化的非淀粉多糖类物质,见表 6-9 所述。

**表 6-9 若干饲料中妨碍消化的物质**

| 饲料原料 | 妨碍消化的物质与难消化的成分 | 饲料原料 | 妨碍消化的物质与难消化的成分 |
|---|---|---|---|
| 大 麦 | $\beta$-葡聚糖、戊聚糖 | 油菜子 | 鞣酸、烟菌酸、食物纤维 |
| 小 麦 | 戊聚糖、果胶 | 向日葵子 | 鞣酸、食物纤维 |
| 西非高粱 | 鞣酸 | 羽扇豆 | 生物碱、食物纤维 |
| 小黑麦 | 戊聚糖、果胶、可溶性淀粉、蛋白酶抑制剂 | 豌 豆 | 外源凝集素、鞣酸、食物纤维 |
| 菜 豆 | 蛋白酶抑制剂、外源凝集素、鞣酸、蚕豆嘧啶、葡糖苷、伴蚕豆嘧啶核苷 | 玉 米 | 戊聚糖、果胶 |
| 大 豆 | 蛋白酶抑制剂、致甲状腺肿物、外源凝集素、皂甙、大豆球蛋白、胶固素、低聚糖 | 黑 麦 | 戊聚糖、果胶、$\beta$-葡聚糖、鞣酸、可溶性淀粉、烷基间苯二酚、蛋白酶抑制剂 |

饼粕类是我国蛋白质饲料的主要来源,可是大豆饼、棉子饼和菜子饼的蛋白质利用率只分别为 70%,50% 和小于50%。大麦、小麦细胞壁中的非淀粉多糖,主要是 $\beta$-葡聚糖和戊聚糖,仅能部分被家禽消化。豆类和谷物种子中大部分磷元素以植酸的形式存在,不能被禽类降解利用,有机磷的排出还

会引起环境污染。经研究发现,当添加适当的微生物酶制剂后,可分解植物细胞壁、植酸、蛋白质和淀粉等养分,进而提高饲料消化率和利用率,降低动物粪便中的有效养分。特别是对于消化系统尚未发育成熟的幼小家禽,在饲料中添加酶(如淀粉酶、蛋白酶),可使淀粉和蛋白质得到更充分的消化。有人在饲喂肉鸡时添加植酸酶,发现鸡生长速度加快、饲料转化率提高,并能改善钙、磷的利用,磷的排出量减少了一半。

目前由于对酶在消化道内产生效用的作用位置还缺乏系统的认识,酶制剂应用的协同作用以及酶制剂的生产方式等,都有待进一步研究。但随着基因工程、蛋白质工程等生物技术在酶制剂生产中逐渐应用,各种淀粉酶、β-葡聚糖酶、纤维酶和蛋白酶的生产成本降低,必将在未来的肉鸡养殖业中得到普遍的应用,使常规的饲料转化率得到大幅度地提高。

# 四、肉鸡日粮的配合

## (一)配合日粮的配制方法

计算饲料配方,目的是要将各种饲料中的营养要素按比例加起来,使能量、蛋白质,尤其是组成蛋白质的氨基酸,还有钙和磷、食盐都达到和超过营养标准要求的数量。也要注意能量与其他营养素之间的比例是否合适。最后还要考虑配合饲料的成本。配合饲料的配制方法很多,一般公推"试差法"比较好,近年来推出的"公式法",实质上是二元一次方程的简化公式,计算起来也很方便。

1. 用试差法配合饲粮  例如,用玉米、豆饼、花生饼、鱼粉、骨粉、石灰石粉配合 65%～80%产蛋率的种母鸡饲粮。

第一步：列出所用饲料的营养成分和营养标准（表 6-10）。

表 6-10　饲料营养成分和营养标准

| 饲　　料 | 代谢能（兆焦/千克） | 粗蛋白质（%） | 钙（%） | 磷（%） | 蛋氨酸（%） | 赖氨酸（%） |
|---|---|---|---|---|---|---|
| 玉　　米 | 14.06 | 8.6 | 0.04 | 0.21 | 0.13 | 0.27 |
| 豆　　饼 | 11.05 | 43.0 | 0.32 | 0.50 | 0.48 | 2.45 |
| 花 生 饼 | 12.26 | 43.9 | 0.25 | 0.52 | 0.39 | 1.35 |
| 鱼　　粉 | 10.25 | 55.1 | 4.59 | 2.15 | 1.44 | 3.64 |
| 骨　　粉 | — | — | 36.40 | 16.40 | — | — |
| 石灰石粉 | — | — | 35.00 | — | — | — |
| 营养标准 | 11.51 | 15.0 | 3.40 | 0.60 | 0.33 | 0.66 |

第二步：将饲粮中某些饲料确定用量。本次配方中确定使用 5% 的花生饼，因其含精氨酸多。另外，决定用 3% 鱼粉，因鱼粉中有未知促生长因子，并且含限制性氨基酸也多。先算出此两项所含的营养素，见表 6-11。

表 6-11　确定部分饲粮用量

| 饲　　料 | 比例（%） | 代谢能（兆焦/千克） | 粗蛋白（%） | 钙（%） | 磷（%） | 蛋氨酸（%） | 赖氨酸（%） |
|---|---|---|---|---|---|---|---|
| 花生饼 | 5 | 0.6130 | 2.195 | 0.0125 | 0.0260 | 0.0195 | 0.0675 |
| 鱼　粉 | 3 | 0.3075 | 1.653 | 0.1377 | 0.0645 | 0.0432 | 0.1092 |
| 合　计 | 8 | 0.9200 | 3.848 | 0.1502 | 0.0905 | 0.0627 | 0.1767 |

第三步：根据经验将饲粮无机盐用量假定为 9%，余下的 83% 均试用玉米，看各主要营养素情况如何，见表 6-12。

表 6-12　用玉米试测各种营养素含量

| 饲　料 | 比例(％) | 代谢能(兆焦/千克) | 粗蛋白质(％) | 蛋能比(克/兆焦) | 钙(％) | 磷(％) | 蛋氨酸(％) | 赖氨酸(％) |
|---|---|---|---|---|---|---|---|---|
| 花生饼及鱼粉 | 8 | 0.920 | 3.848 | — | 0.1502 | 0.0905 | 0.0627 | 0.1767 |
| 玉　米 | 83 | 11.665 | 7.138 | — | 0.0332 | 0.1743 | 0.1079 | 0.2241 |
| 合　计 | | 12.585 | 10.986 | 8.72 | 0.1834 | 0.2648 | 0.1706 | 0.4008 |
| 营养标准 | | 11.510 | 15.000 | 12.90 | 3.4000 | 0.6000 | 0.3300 | 0.6600 |

　　用 5％花生饼，3％鱼粉和 83％玉米，9％无机盐饲料配合的饲粮，它的营养成分计算后可以看到代谢能很高，蛋白质很低，与营养标准中能量 11.51 兆焦/千克的要求相比，能量高出 1.075 兆焦/千克，蛋白质少 4.014％，蛋氨酸少 0.1594％，赖氨酸少 0.2592％。这样先用能量饲料——玉米来首先满足配方饲料的能量需求，可以看出各种营养素的差数情况。

　　第四步：

　　①按蛋白质的差数计算：豆饼含蛋白质为 43％，玉米含蛋白质为 8.6％，如果用豆饼替换玉米，则每替换 1％，可提高饲粮的蛋白质为 (43−8.6)/100＝34.4/100＝0.344，现在由第三步配合的结果中蛋白质少 4.014％，应替换 4.014/0.344≈11.66％，即用 12％的豆饼替换等量的玉米，使饲粮的配比改变为花生饼 5％，鱼粉 3％，无机盐 9％，豆饼 12％和玉米 71％。与此同时，我们还可以看到，当豆饼替换玉米时，每替换 1％的含量，其代谢能则减少：(14.06−11.05)/100＝3.01/100＝0.0301 兆焦/千克。如按用 12％的豆饼替换等量的玉米，该配方的代谢能为 12.22 兆焦/千克，蛋白质为 15.114％，均已超过营养标准，但其蛋白能量比仅为 12.36，

与标准要求还有一些差距。

②从蛋白能量比角度进一步调整：见表 6-13。

表 6-13　从蛋白质能量比调整

| 豆饼含量<br>（%） | 玉米含量<br>（%） | 代谢能<br>（兆焦/千克） | 粗蛋白质（%） | 蛋能比<br>（克/兆焦） |
|---|---|---|---|---|
| 12 | 71 | 12.22 | 15.114 | 12.36 |
| 豆饼替换玉米,每增加1% | | −0.03 | +0.344 | +0.31 |
| 13 | 70 | 12.19 | 15.458 | 12.67 |
| 14 | 69 | 12.16 | 15.802 | 12.98 |

从表中可以看到，为要达到蛋能比为 12.90，其玉米含量介于 69～70 之间，经计算玉米的用量为 69.27%，豆饼用量为 13.73%，由于营养标准要求添加 0.37% 的食盐，一般此量从玉米量中减去，故玉米为 68.9%。至此，该配方计算的营养价值，见表 6-14。

6-14　计算配方营养价值

| 饲　料 | 比例<br>（%） | 代谢能<br>（兆焦/千克） | 粗蛋白质（%） | 蛋能比<br>（克/兆焦） | 钙（%） | 磷（%） | 蛋氨酸（%） | 赖氨酸（%） |
|---|---|---|---|---|---|---|---|---|
| 玉　米 | 68.90 | 9.68 | 5.9254 | | 0.02756 | 0.14469 | 0.08957 | 0.18603 |
| 豆　饼 | 13.73 | 1.52 | 5.9039 | | 0.04394 | 0.06865 | 0.06590 | 0.33639 |
| 花生饼 | 5.00 | 0.61 | 2.1950 | | 0.0125 | 0.02600 | 0.01950 | 0.0675 |
| 鱼　粉 | 3.00 | 0.30 | 1.6530 | | 0.1377 | 0.06450 | 0.04320 | 0.1092 |
| 食　盐 | 0.37 | | | | | | | |
| 合　计 | | 12.12 | 15.6773 | 12.93 | 0.2217 | 0.30384 | 0.21820 | 0.6991 |
| 营养标准 | | 11.51 | 15.0000 | 12.90 | 3.4000 | 0.6000 | 0.3300 | 0.6600 |

从表中所列数值可以看到，代谢能与蛋白质均略比营养标准高，而蛋能比基本符合要求。目前这个配方还需补足的是钙磷和蛋氨酸。

③补足钙和磷：上述配方中钙的含量为 0.2217，磷的含量为 0.30384。由于骨粉中含磷 16.4%，含钙 36.4%，而石灰石粉只能补充钙，其含量为 35%。因此，首先由骨粉来补足磷的含量，按饲养标准与目前配方中的磷含量差数为 0.6－0.30384＝0.29616，为补足此差数所需要的骨粉含量为 0.29616/0.164＝1.8%，与此同时，它所增加的钙的含量为 1.8%×36.4%＝0.6552%。在调整磷的基础上再调整钙，目前配方中的钙的含量与饲养标准的差数是：3.4－0.2217－0.6552＝2.5231，为补足此差数所需要的石灰石粉含量为 2.5231/0.35＝7.2%。至此，该配方中钙的含量为 0.2217＋(1.8%×36.4)＋(7.2%×35)＝0.2217＋0.6552＋2.52＝3.3969，而磷的含量为 0.30384＋(1.8%×16.4)＝0.30384＋0.2952＝0.59904，该两数值基本与饲养标准要求相符，而钙磷比为 3.3969/0.59904＝5.67，此数值恰好与饲养标准的钙磷比 3.4/0.6＝5.67 基本相符。骨粉与石灰石粉的用量也正好与事先假定的无机盐用量 9% 相符，此配方各种饲料的百分数的总量为 100%。至此，配方再补加 DL-蛋氨酸 0.1118% 后上述各项营养指标均达到饲养标准的要求。

上述计算方法中是以蛋白质的差数来计算的，如果从提高蛋白质的利用率和氨基酸与能量相适应的角度来考虑，可以按第一或第二限制氨基酸的差数来计算，其方法与以蛋白质的差数计算方法相似，由于计算的出发点不同，其最后的配方组成是有差异的，此时可以从价格的角度来衡量各个配方的成本，以便最后选用。

2.用公式法配合饲粮  公式法就是用联立方程式求两个未知饲料的用量。同样,需要将某些饲料的用量人为地固定下来,又将无机盐的用量大致固定为 9%,然后求一个能量饲料和一个蛋白质饲料的用量,现仍用"试差法"的举例来说明公式法。

先计算出 5%花生饼与 3%鱼粉的营养素含量(表 6-15,计算时以表 6-10 的数据为依据)。

**表 6-15  计算花生饼与鱼粉的营养素**

| 饲 料 | 比例(%) | 代谢能(兆焦/千克) | 粗蛋白质(%) | 钙(%) | 磷(%) | 蛋氨酸(%) | 赖氨酸(%) |
|---|---|---|---|---|---|---|---|
| 花生饼 | 5 | 0.6130 | 2.195 | 0.0125 | 0.026 | 0.0195 | 0.0675 |
| 鱼 粉 | 3 | 0.3075 | 1.653 | 0.1377 | 0.0645 | 0.0432 | 0.1092 |
| 共 计 | 8 | 0.9200 | 3.848 | 0.1502 | 0.0905 | 0.0627 | 0.1767 |
| 营 养 标 准 | | 11.5100 | 15.000 | 3.4000 | 0.6000 | 0.3300 | 0.6600 |
| 相 差 | | −10.59 | −11.152 | −3.2499 | −0.5095 | −0.2673 | −0.4833 |

现在按蛋白质需要量进行计算:

假设以 x 代表玉米用量,y 代表豆饼用量,其总量为 100−5−3−9=83,则可列出联立方程为:

$$x+y=83 \quad \cdots\cdots\cdots\cdots\cdots\cdots\cdots\cdots\cdots\cdots\cdots (1)$$

$$8.6x+43y=11.152\times100 \quad \cdots\cdots\cdots\cdots\cdots\cdots\cdots (2)$$

式中 8.6 为玉米含蛋白质%,43 为豆饼含蛋白质%,11.152 为尚差的蛋白质的%。

将(1)式简化为  $x=83-y$  $\cdots\cdots\cdots\cdots\cdots\cdots\cdots$ (3)

将(3)代入(2):  $8.6(83-y)+43y=11.152\times100$

$$713.8-8.6y+43y=1115.2$$
$$34.4y=401.4$$
$$y=11.668\% \quad \cdots\cdots\cdots\cdots\cdots\cdots\cdots\cdots\cdots (4)$$

豆饼的用量为 11.668%，玉米的用量为 $83-11.668=71.332\%$，此结果与试差法计算的结果基本相同。

其他计算钙磷的方法与试差法一样。最后的含量百分数的总和如超过 100，则扣除玉米的用量，如不足 100 则增加玉米的用量。切记饲粮中应有 30% 的磷来自无机磷，按本例计算应有 0.18%（$0.6\%\times30\%=0.18\%$）是无机磷。上述配方中来自鱼粉中的磷为 0.0645%，来自骨粉中的磷为 0.2952%，总共有 0.3597% 是无机磷，已足够需要了。有时饲粮中用麸皮、米糠，含磷量虽超过 0.6%，但还是需要加 1.5% 的骨粉，即使总磷已达到 0.8% 也不要紧。

## （二）配方及配料注意事项

第一，在制定配方与配料时，要从实际出发，尽可能选用适口性好的饲料。采用本地区的饲料，就可能在相当的营养浓度下做到饲料来源可靠，成本低，饲养效益好。

第二，制定配方后，对配方所用原料的质量必须把关，尽量选用新鲜、无毒、无霉变、适口性好、无怪味、含水量适宜、效价高、价格低的饲料。

第三，一定要按配方要求采购原料，严防通过不正当途径收购掺杂使假、以劣充优的原料。目前可能掺假的原料有：鱼粉中掺水解羽毛粉和皮革粉、尿素、粉碎的毛发丝、臭鱼、棉仁粉等，使蛋白质品质下降或残留重金属和毒素；脱脂米糠中掺稻糠、锯末、清糠、尿素等使其适口性变差，饲料品质降低；酵母粉中掺黄豆粉，或在豆饼中掺豆皮、黄玉米粉；黄豆粉中掺石粉和玉米粉等,降低蛋白质水平;在玉米粉中掺玉米芯,在杂谷粉中掺粘土粉;在无机盐添加剂中掺粘土粉;在骨肉粉中掺羽毛粉或尿素等。购进的原料要检验,测定水分、杂质、容量、颜色、重量,看主要成分是否符合正常饲料的标准,有害成分是否在允许范围之内,达到要求方可入库,否则应退货,如若使用将会带来严重损失。

第四,对于含有毒、有害物质的饲料,应当限用。如棉子饼和菜子饼,应在允许范围内使用;有的粗纤维含量高,如大麦、燕麦、米糠、麸皮等,均应根据其品质及加工后的质量适量限用;对于某些动物性饲料,如蚕蛹、血粉、羽毛粉等,应从营养平衡性、适口性及其本身品质方面考虑合理使用。

第五,按配方生产饲料,各种原料应称量准确,搅拌均匀;先加入复合微量元素添加剂,维生素次之,氯化胆碱应现拌现用。各种微量成分要进行预扩散,即先少量(4～5千克)拌匀,再扩散到全部饲料中去,以免分布不均匀而造成中毒。

第六,饲料应贮藏在通风、干燥的地方,时间不能过长,防止霉变,梅雨季节更应注意。特别对鱼粉、肉骨粉等,因含脂肪多易变质,变质后有苦涩味,适口性变差,有效营养成分含量下降。

### (三)配制日粮的新思路

按照可消化氨基酸含量和理想蛋白质模式给鸡配合"平衡日粮",使其中的各种氨基酸含量与肉鸡的维持与生产需要完全符合,则饲料转化效率最高,营养素的排出可减至最少,从而减轻对环境的污染,可兼顾经济与环保效益的需要。鉴于这种考虑,肉鸡饲料配方使用理想蛋白质计算方法将具有广阔的发展前景。

所谓"理想蛋白质"是指各种氨基酸间具有适当的比例，使之达到适于家禽需要的组成。它是以赖氨酸为基础，计算出其他氨基酸的理想比例。

为了避免各种饲料原料因氨基酸消化率的差异而影响氨基酸适当比例的准确性，在使用"理想蛋白质"时，氨基酸平衡是以使用消化氨基酸作为计算的依据。鸡常用饲料原料各种氨基酸的真消化率见表 6-16。

表 6-16　常用饲料原料的氨基酸真消化率 （％）

| 氨 基 酸 | 玉 米 | 玉米麸 | 高 粱 | 小麦麸 | 大豆粕 | 羽毛粉 | 鱼 粉 | 肉骨粉 |
|---|---|---|---|---|---|---|---|---|
| 赖 氨 酸 | 81 | 88 | 78 | 72 | 88 | 66 | 88 | 84 |
| 蛋 氨 酸 | 91 | 97 | 89 | 82 | 94 | 76 | 92 | 87 |
| 胱 氨 酸 | 85 | 86 | 83 | 72 | 82 | 59 | 73 | 64 |
| 精 氨 酸 | 89 | 96 | 74 | 79 | 92 | 83 | 92 | 89 |
| 苏 氨 酸 | 84 | 92 | 82 | 72 | 87 | 73 | 89 | 83 |
| 异亮氨酸 | 88 | 95 | 88 | 79 | 92 | 85 | 92 | 86 |
| 亮 氨 酸 | 93 | 98 | 94 | 79 | 91 | 82 | 92 | 87 |
| 组 氨 酸 | 94 | 94 | 87 | 80 | 89 | 72 | 89 | 79 |
| 苯丙氨酸 | 91 | 97 | 91 | 84 | 93 | 85 | 91 | 88 |
| 缬 氨 酸 | 88 | 95 | 87 | 76 | 91 | 82 | 91 | 86 |

在真可消化氨基酸的基础上，肉鸡理想蛋白质的推荐量见表 6-17。

表 6-17　肉鸡理想蛋白质的推荐量

| 氨　基　酸 | 肉　鸡　日　龄 | | |
| --- | --- | --- | --- |
| | <14 | 14～35 | >35 |
| 赖 氨 酸 | 100 | 100 | 100 |
| 蛋氨酸＋胱氨酸 | 74 | 78 | 82 |
| 蛋 氨 酸 | 41 | 43 | 45 |
| 苏 氨 酸 | 66 | 68 | 70 |
| 色 氨 酸 | 16 | 17 | 17 |
| 精 氨 酸 | 105 | 107 | 109 |
| 缬 氨 酸 | 76 | 77 | 78 |
| 异亮氨酸 | 66 | 67 | 68 |
| 亮 氨 酸 | 107 | 109 | 111 |

注：以真可消化氨基酸为基础，对赖氨酸的百分比

　　在确定饲粮中各氨基酸对赖氨酸的适当比例后，接着应考虑的是可消化氨基酸与能量间的平衡问题。表 6-18 是肉鸡饲喂典型的玉米-大豆粕饲粮时，其能量与赖氨酸及含硫氨基酸的推荐量。

表 6-18　肉鸡饲粮中能量与赖氨酸、含硫氨基酸的推荐量

| 氨　基　酸 | | 肉　鸡　日　龄 | | |
| --- | --- | --- | --- | --- |
| | | <14 | 14～35 | >35 |
| 代谢能 | （千焦/千克） | 12970.00 | 13389.00 | 13598.00 |
| 赖氨酸,总量 | （%） | 1.28 | 1.17 | 1.00 |
| 赖氨酸,可消化 | （%） | 1.18 | 1.03 | 0.88 |
| 蛋氨酸＋胱氨酸,总量 | （%） | 0.94 | 0.90 | 0.82 |
| 蛋氨酸＋胱氨酸,可消化 | （%） | 0.84 | 0.81 | 0.72 |
| 蛋氨酸,总量 | （%） | 0.54 | 0.50 | 0.45 |
| 蛋氨酸,可消化 | （%） | 0.48 | 0.45 | 0.40 |

对此,还必须将经济效益因素考虑进去,如氨基酸的价格,蛋白质、能量的价格等,总之应以每一单位的投入获取最大的利益为终极目标。

# 五、肉用种鸡与肉用仔鸡的饲料配方举例

## (一)肉用种鸡的饲料配方

不同时期的肉用种鸡饲料配方见表 6-19。

表 6-19　不同时期的肉用种鸡饲料配方

| 配方适用时期 | 1~6日龄 | 6~20日龄 | 25~30日龄 | 31~90日龄 | 91~150日龄 | 7~10月龄 | 11~14月龄 | 15月龄以上 |
|---|---|---|---|---|---|---|---|---|
| 玉　米 | 40.0 | 59.7 | 36.5 | 12.0 | — | 30.0 | 35.7 | 15.5 |
| 小　麦 | 23.7 | — | 20.0 | 26.0 | 30.0 | 30.0 | 25.0 | 25.0 |
| 麸　皮 | 7.5 | 20.0 | | | | | | |
| 大　麦 | — | — | 12.0 | 37.9 | 52.0 | 9.5 | 11.0 | 38.5 |
| 豆　饼 | 17.0 | 13.5 | | | | | | |
| 葵花子粕 | — | — | 16.5 | 6.0 | 2.0 | 8.0 | 7.0 | 3.0 |
| 水解酵母 | | | 3.0 | 4.3 | 2.5 | 5.0 | 4.0 | 3.0 |
| 草　粉 | | | 3.0 | 5.0 | 7.0 | 5.0 | 5.0 | 4.0 |
| 鱼　粉 | 10.0 | 4.0 | 4.0 | 4.0 | 1.3 | 5.5 | 5.0 | 3.5 |
| 肉骨粉 | 1.0 | 1.5 | 4.0 | 3.1 | 1.5 | — | | — |
| 脱氟磷酸盐 | — | — | | 0.7 | 1.7 | 0.5 | 1.0 | 1.2 |
| 贝壳、白垩 | 0.5 | 1.0 | 1.0 | 0.8 | 1.5 | 6.2 | 6.0 | 5.8 |
| 食　盐 | 0.3 | 0.3 | | 0.2 | 0.5 | 0.3 | 0.3 | 0.5 |

饲料名称及配合比例(%)

| 配方适用时期 | | 1～6<br>日龄 | 6～20<br>日龄 | 25～30<br>日龄 | 31～90<br>日龄 | 91～150<br>日龄 | 7～10<br>月龄 | 11～14<br>月龄 | 15 月龄<br>以上 |
|---|---|---|---|---|---|---|---|---|---|
| 营养成分（％） | 代谢能<br>（兆焦/千克） | 11.80 | 11.51 | 12.26 | 11.30 | 10.75 | 11.34 | 11.38 | 10.88 |
| | 粗蛋白质 | 20.00 | 16.10 | 20.20 | 17.40 | 13.90 | 17.30 | 16.30 | 14.30 |
| | 粗纤维 | 3.00 | 3.80 | 6.90 | 6.40 | 5.40 | 4.70 | 4.60 | 4.80 |
| | 钙 | 1.03 | 1.10 | 1.09 | 1.17 | 1.32 | 2.81 | 2.81 | 2.65 |
| | 磷 | 0.48* | 0.47* | 0.82 | 0.88 | 0.77 | 0.81 | 0.83 | 0.76 |
| | 赖氨酸 | 1.10 | 0.78 | 0.89 | 0.85 | 0.62 | 0.84 | 0.78 | 0.67 |
| | 蛋氨酸 | 0.45 | 0.26 | 0.70 | 0.59 | 0.45 | 0.61 | 0.57 | 0.49 |
| | 胱氨酸 | 0.25 | 0.22 | | | | | | |

＊为有效磷

## （二）肉用仔鸡的饲料配方

1.0～4 周龄肉用仔鸡饲料配方　见表 6-20。配方 3 是玉米、豆饼、鱼粉的配方饲料，其营养符合肉用仔鸡前期要求。配方 4 能量饲料中使用碎米替代部分玉米，并加油脂，各营养成分均可满足标准要求。配方 2 中以小麦替代部分玉米，而配方 1 是无鱼粉的肉用仔鸡前期饲料，如果在饲喂时再添加少量的抗生素和维生素 $B_{12}$，可能会取得更好的饲养效果。

2.5～8 周龄肉用仔鸡饲料配方　见表 6-21。配方 1 虽然用大麦替代了部分玉米，但其营养成分符合标准。配方 2 是由计算机计算的最佳配方，各种营养成分基本满足需要。配方 4 是用碎米、大麦替代部分玉米。配方 3 是肉用仔鸡后期无鱼粉饲料。

表 6-20　0～4 周龄肉用仔鸡饲料配方

| | 配方编号 | 1 | 2 | 3 | 4 |
|---|---|---|---|---|---|
| 饲料名称及配合比例（%） | 玉　　米 | 57.10 | 32.0 | 64.8 | 31.0 |
| | 碎　米 | — | — | — | 30.0 |
| | 麸　皮 | 2.00 | — | — | — |
| | 豆　饼 | 36.00 | 18.0 | 16.8 | 25.0 |
| | 小　麦 | — | 35.0 | — | — |
| | 菜子饼 | — | — | 5.0 | — |
| | 槐叶粉 | 2.00 | — | — | — |
| | 鱼　粉 | — | 12.0 | 10.0 | 10.0 |
| | 骨　粉 | — | 1.5 | 0.6 | 1.5 |
| | 贝壳粉 | 1.00 | — | — | 0.5 |
| | 石　粉 | — | — | 1.0 | — |
| | 生长素 | — | 1.3 | — | — |
| | 油　脂 | — | — | — | 1.8 |
| | 磷酸氢钙 | 1.35 | — | — | — |
| | DL -蛋氨酸 | 0.20 | — | 0.1 | — |
| | 其他添加剂 | — | — | 1.4 | — |
| | 食　盐 | 0.35 | 0.2 | 0.3 | 0.2 |
| 营养成分 | 代谢能（兆焦/千克） | 11.84 | 12.26 | 12.59 | 12.84 |
| | 粗蛋白质　（%） | 19.50 | 21.10 | 20.80 | 21.30 |
| | 粗纤维　　（%） | — | — | 2.80 | 2.40 |
| | 钙　　　　（%） | 0.82 | 1.61 | 1.09 | 1.21 |
| | 磷　　　　（%） | 0.61 | 0.88 | 0.66 | 0.71 |
| | 赖氨酸　　（%） | 1.04 | 1.22 | 1.10 | 0.96 |
| | 蛋氨酸　　（%） | 0.46 | 0.40 | 0.46 | 0.42 |
| | 胱氨酸　　（%） | — | — | 0.30 | 0.32 |

表 6-21 5～8 周龄肉用仔鸡饲料配方

表 6-21 5～8 周龄肉用仔鸡饲料配方

| 配方编号 | | 1 | 2 | 3 | 4 |
|---|---|---|---|---|---|
| 饲料名称及配合比例（%） | 玉　米 | 49.80 | 68.6 | 60.10 | 45.0 |
| | 大　麦 | 18.00 | — | — | 15.0 |
| | 碎　米 | — | — | — | 14.0 |
| | 豆　饼 | — | 19.0 | 32.00 | 15.0 |
| | 豆　粕 | 23.00 | — | — | — |
| | 槐叶粉 | — | — | 2.00 | — |
| | 鱼　粉 | 5.00 | 10.0* | — | 9.0 |
| | 油　脂 | 2.00 | — | 3.00 | — |
| | 脱氟磷酸钙 | — | — | — | 0.7 |
| | 石　粉 | — | — | 1.00 | — |
| | 贝壳粉 | 0.50 | 1.0 | — | — |
| | 磷酸氢钙 | 1.00 | 1.0 | 1.35 | — |
| | 碳酸钙 | — | — | — | 1.0 |
| | DL-蛋氨酸 | — | — | 0.20 | — |
| | 其他添加剂 | 0.45 | | | |
| | 食　盐 | 0.25 | 0.4 | 0.35 | 0.3 |
| 营养成分 | 代谢能（兆焦/千克） | 12.05 | 12.89 | 12.76 | 12.59 |
| | 粗蛋白质　（%） | 20.30 | 20.20 | 17.9 | 19.0 |
| | 粗纤维　　（%） | 3.10 | 2.40 | — | — |
| | 钙　　　　（%） | 0.71 | 1.05 | 0.73 | 1.15 |
| | 磷　　　　（%） | 0.62 | 0.71 | 0.58 | 0.76 |
| | 赖氨酸　　（%） | 0.88 | 1.08 | 0.93 | 1.12 |
| | 蛋氨酸　　（%） | 0.36 | 0.34 | 0.44 | 0.38 |
| | 胱氨酸　　（%） | | 0.29 | | |

＊ 为进口鱼粉

## （三）地方品种肉用黄鸡的饲料配方

表 6-22 中的配方 1～3 是一套以稻谷为主要能量饲料的配方。配方 4 和 5 是一套利用水稻产区粮食加工的副产品配合的饲料配方。配方 6～8 用添加蛋氨酸来平衡饲料，以达到降低动物性与植物性蛋白质饲料用量的一套配方。

表 6-22　地方品种肉用黄鸡饲料配方

| 配方编号 | 1 (0~4周龄) | 2 (5~12周龄) | 3 (13~16周龄) | 4 (0~5周龄) | 5 (6~20周龄) | 6 (0~5周龄) | 7 (6~12周龄) | 8 (13周龄以上) |
|---|---|---|---|---|---|---|---|---|
| 玉　米 | 20.0 | 35.0 | 49.0 | 41.4 | 49.6 | 64.98 | 65.98 | 66.95 |
| 碎　米 | — | — | — | 12.0 | 13.0 | — | — | — |
| 稻　谷 | 40.0 | 28.5 | 16.0 | — | — | — | — | — |
| 小　麦 | 8.50 | 8.0 | 9.0 | — | — | — | — | — |
| 花生麸 | — | — | — | 15.0 | 9.0 | 4.0 | 4.0 | 2.0 |
| 玉米糠 | — | — | — | 5.0 | 5.0 | — | — | — |
| 麦　糠 | — | — | — | 10.0 | 8.0 | — | — | — |
| 黄豆麸 | — | — | — | 8.0 | 8.0 | — | — | — |
| 麦　麸 | — | — | — | — | — | 7.0 | 10.0 | 12.0 |
| 豆　饼 | 20.0 | 19.0 | 18.0 | — | — | 13.0 | 13.0 | 14.0 |
| 鱼　粉 | 10.0 | 8.0 | 6.5 | 8.0* | 7.0* | 9.0 | 5.0 | 3.0 |
| 骨　粉 | 1.5 | 1.5 | 1.5 | — | — | — | — | — |
| 贝壳粉 | — | — | — | 0.6 | 0.4 | — | — | — |
| 无机盐添加剂 | — | — | — | — | — | 2.0 | 2.0 | 2.0 |
| 蛋氨酸 | — | — | — | — | — | 0.02 | 0.02 | 0.05 |
| 代谢能（兆焦/千克） | 11.59 | 11.97 | 12.34 | 11.88 | 12.00 | 12.13 | 12.13 | 12.13 |
| 粗蛋白质（%） | 19.70 | 18.40 | 17.30 | 20.40 | 18.00 | 18.50 | 17.00 | 15.00 |
| 钙　　（%） | 1.03 | 0.94 | 0.87 | 0.91 | 0.90 | 1.24 | 1.06 | 0.97 |
| 磷　　（%） | 0.81 | 0.76 | 0.72 | 0.55 | 0.56 | 0.65 | 0.54 | 0.50 |
| 赖氨酸（%） | 1.19 | 1.06 | 0.95 | 0.85 | 0.77 | 0.70 | 0.76 | 0.63 |
| 蛋氨酸（%） | 0.36 | 0.32 | 0.29 | 0.33 | 0.30 | 0.33 | 0.27 | 0.24 |
| 胱氨酸（%） | 0.33 | 0.31 | 0.58 | 0.29 | 0.21 | 0.30 | 0.28 | 0.27 |

（饲料名称及配合比例（%）／营养成分）

＊进口鱼粉

## （四）广东地方黄羽鸡的后期育肥典型配方

参见第五章《优质型肉鸡的育肥》。

## (五)石岐杂鸡不同阶段的日粮配方

见表 6-23,其资料来源于广东省家禽科学研究所。

表 6-23　石岐杂鸡不同阶段的日粮配方

| 配方类型 | 幼雏<br>(0~5周) | 中雏<br>(6~12周) | 育肥期<br>(13~14周) | 上市前<br>(15~16周) | 产蛋率<br>(50%以下) | 产蛋率<br>(50%以上) |
|---|---|---|---|---|---|---|
| 黄玉米粉 | 46.0 | 45.5 | 53.0 | 56.0 | 56.0 | 56.0 |
| 谷粉 | 5.0 | 12.0 | 5.0 | 5.5 | 5.0 | 5.0 |
| 玉米糠(米糠) | 15.0 | 13.0 | 11.0 | 10.0 | 10.0 | 12.0 |
| 麦麸 | 6.0 | 6.0 | 5.5 | 6.0 | 4.0 | 0 |
| 黄豆饼粉 | 8.0 | 6.0 | 6.0 | 4.0 | 4.0 | 8.0 |
| 花生饼粉 | 8.0 | 6.0 | 10.0 | 12.0 | 11.0 | 8.0 |
| 秘鲁或智利鱼粉 | 10.0 | 6.0 | 4.0 | 2.0 | 4.5 | 5.0 |
| 松针粉 | — | 2.0 | 1.0 | — | 2.0 | 2.0 |
| 植物油脂 | — | — | 1.0 | 1.0 | — | — |
| 蚝壳粉 | 1.0 | 2.0 | 2.0 | 2.0 | 2.0 | 2.5 |
| 骨粉 | 0.5 | 1.0 | 1.0 | 1.0 | 1.0 | 1.0 |
| 食盐 | 0.5 | 0.5 | 0.5 | 0.5 | 0.5 | 0.5 |
| 粗蛋白质 (%) | 20~21 | 15.52 | 16.21 | 16.03 | 16.91 | 17.02 |
| 代谢能(兆焦/千克) | 12.0 | 11.56 | 12.09 | 12.09 | 12.13 | 12.13 |
| 添加剂 (克/100千克) | 200 | 200 | 150 | 150 | 200 | 200 |
| 多种维生素 (克/100千克) | 10 | 10 | 10 | 10 | 10 | 10 |
| 硫酸锰 (克/100千克) | 2 | 2 | | 2 | 5 | 5 |
| 硫酸锌 (克/100千克) | 1 | 1 | 1 | 1 | 2.5 | 2.5 |
| 蛋氨酸 (%) | 0.1~0.25 | 0.1~0.25 | 0.1~0.25 | 0.1~0.25 | 0.05~0.1 | 0.05~0.1 |
| 维生素 $B_{12}$(微克/100千克) | — | — | — | 360 | — | 360 |
| 土霉素粉 (毫克/100千克) | — | — | — | 360 | — | 360 |
| 杆菌肽 (毫克/100千克) | — | — | — | — | 100 | 100 |

（表左侧纵向标注：饲料种类及配合比例（%）；添加料）

# 第七章　肉鸡的保健与卫生管理

优质的专用种雏,高效率的配合饲料,适于大群饲养的鸡舍及其设施,鸡烈性传染病的控制,确保了肉鸡生产性能的实现。除此以外,在肉鸡生产中的卫生管理以及肉鸡本身的保健也是一个重要的环节。据报道,即使不发病,仅由于病菌感染的应激就可使肉鸡的生长速度下降 15%～30%,万一发病,即使免于死亡,生长发育也往往会停止或减缓。又如,肉用仔鸡生产集约化程度高,如果气候环境不利,再加上微生物及寄生虫的寄生等各种应激因素,将促使肉鸡生产性能降低。解决这些问题的关键措施是,必须彻底实施肉鸡的卫生管理及其保健措施。

## 一、卫生管理措施

### (一)内部的卫生管理

基本方法是鸡场实行全进全出制。一个鸡场或一栋鸡舍只养同一个年龄组的鸡,而且从出售后到下次再进雏鸡,鸡舍在清洗、消毒后一定要空闲一定的时间,这是预防传染病流行的有效措施。这不仅可以防止不同年龄组鸡之间的相互传染,而且由于空舍而切断了病菌的继续感染或病菌的增殖环,其效果是可靠的。除此以外,在一批次或一栋鸡舍的肉鸡出售后,应立即对已污染的场地——鸡舍、用具等进行彻底的清洁消毒,这是预防和扑灭鸡传染病的一项积极而重要的措施。

1. 养鸡现场的消毒措施

(1)房舍消毒

①清扫：凡使用过的鸡舍，其地面、墙壁、顶面及附属设施均有灰尘、粪便、垫料、饲料、羽毛等沾污，都需一一清扫到鸡群接触不到的一定距离以外的处理场。为防止病原体扩散，可适当喷洒消毒液。对不易清洗干净的裂缝、椽子背面、排气孔口等地方，均要彻底清扫干净。

②水洗：在清扫的基础上进行水洗。要使消毒药液发挥效力，彻底刷洗干净是有效消毒的前提。鸡粪等污物会妨碍消毒药液与细菌接触，因为一般消毒剂只要接触到微量的有机物（污物、粪便等）就会迅速降低和失去杀菌力，设想以提高药液浓度来达到消毒的目的，其结果是不仅增加了成本，达不到消毒的效果，而且还会增加对鸡舍设备的腐蚀作用。所以，地面上的污物在水浸泡软化后，应用硬刷刷洗，如能采用动力喷水泵以高压冲刷更好。墙壁、门窗及固定的设备用水洗与手刷，目的是将污物刷净。如果鸡舍外排水设施不完善，则应在一开始就用消毒液清洗消毒，同时在清洗的鸡舍周围亦要喷洒消毒药。

③干燥：一般在水洗干净后搁置 1 天左右使舍内干燥，如水洗后立即喷洒消毒药液，其浓度即被消毒面的残留水滴所稀释，有碍于药液的渗透而降低消毒效果。

④消毒：消毒液的喷洒次序应该由上而下，先房顶、天花板，后墙壁、固定设施，最后是地面，不能漏掉遮挡的部位。消毒药液的浓度是决定杀灭病毒、细菌能力的首要因素，因此，必须按规定的浓度使用。其喷洒量至少是每平方米 2～3 升，以浸湿物体为适度，使消毒药液与细菌或病毒直接接触，从喷洒药液浸湿物体到干燥的整个过程是病原微生物与消毒药液

之间的接触、冲撞而达到均匀的杀菌效力的过程,否则将不能发挥消毒作用。

(2)消毒池的设置　在鸡场门口和鸡舍门口设置消毒池是防止病原微生物传播的重要措施之一。为发挥消毒池的效用,一要用适当浓度的消毒药液,二要间隔一定时间更新药液。通常,苯制剂、氯苯制剂必须每天更换,碘制剂为2～3天,苛性钠为4～5天,新洁尔灭每周更换1次。

(3)鸡体喷雾消毒　主要用来预防马立克病及呼吸道病。可用新洁尔灭500倍液喷雾,冬天每平方米0.1～0.2升,夏天为0.2～0.3升。主要是杀灭空气中的浮游细菌和病毒,使浮游尘埃沉降,维持室内环境的清洁,防止发病。若以鸡体喷雾、鸡舍消毒、洗涤及防暑为目的,鸡舍的通风换气条件又好,宜使用微粒为100微米的喷雾装置。

(4)饮水消毒　添加5 ppm浓度的漂白粉消毒饮用水,它仅杀灭饮水中的病毒和病原菌,对肠道内有促进营养吸收作用的细菌没有影响。

2.消毒药的使用范围和方法　常用消毒药的使用范围及方法见表7-1。

表7-1　消毒药的使用范围及方法

| 消　毒　对　象 | 消毒药与消毒方法 |
| --- | --- |
| 球虫、卵囊、芽胞 | 3%～5%漂白粉,0.2%～1%过氧乙酸,火焰消毒或发酵、干燥等 |
| 一般细菌、病毒(鸡舍用具类) | 碘酊、新洁尔灭液、烧碱、福尔马林熏蒸 |
| 霉菌等 | 碘酊、0.2%～1%过氧乙酸、火焰 |
| 排水沟、泥土、墙壁等 | 10%生石灰乳剂或石灰,翻晒,干燥等 |

| 消 毒 对 象 | 消毒药与消毒方法 |
| --- | --- |
| 消毒池 | 来苏儿液、碘制剂等 |
| 饮　水 | 漂白粉 5 ppm |
| 鸡粪、垫料等污物 | 石灰、日光照射、堆积发酵、火烧、5％臭药水 |
| 病、死鸡 | 火烧、深埋 |
| 种蛋、雏鸡 | 0.1％新洁尔灭液或每立方米 25 毫升福尔马林、12.5 克高锰酸钾熏蒸 |

常用的消毒药物用法介绍如下：

（1）来苏儿（煤酚皂溶液）　3％～10％的热溶液常用于消毒无芽胞菌污染的鸡舍、管道、饲养用具及手臂等，但对结核杆菌无消毒作用。

（2）漂白粉　适用于鸡舍、地面、粪便、脏水的消毒。5％的漂白粉乳剂能在 5 分钟内杀死大多数细菌，10％～20％的乳剂能在短时间内杀死细菌和芽胞。消毒前先将漂白粉按需要浓度对上水，搅拌后密闭放置 1 昼夜，取上清液作喷雾消毒用，沉淀物用作水沟和地面消毒。对粪水及其他脏水消毒时多采用粉剂。

漂白粉对皮肤、金属制品和衣服都有腐蚀作用，消毒时应注意。漂白粉和空气接触时容易分解，因此，应密封保存在干燥、阴暗、凉爽的地方。

（3）氢氧化钠（又叫苛性钠、烧碱）　通常用 2％～3％的热溶液消毒鸡舍墙壁、地面、用具等。烧碱溶液腐蚀性很强，消毒时要穿戴胶鞋和胶皮手套（均为耐酸、碱的橡胶制品），并要防止溶液溅入眼内。消毒后经过 1 小时，要用水将用具、地面上附着的残留药洗净。烧碱极易吸收大气中的水分而潮解,渐变成碳酸钠,使消毒效力大为减弱,因此,保存时要密封。

(4)福尔马林　福尔马林为 37%～40% 的甲醛溶液,甲醛能与蛋白质中氨基结合而使蛋白质变性,0.5%～2.5% 福尔马林能在 6～24 小时内杀死一切细菌芽胞和病毒,有强大的杀菌作用和刺激作用,可用于鸡舍、用具和排泄物的消毒。也可利用甲醛蒸气进行熏蒸消毒(具体见第五章《雏鸡的饲养与管理》)。

(5)新洁尔灭　0.1% 的溶液用于饲养、孵化、育雏用具的洗刷以及手臂、器械的消毒。也可用于种蛋的消毒,此时要求液温为 40～43℃,浸涤时间不超过 3 分钟。使用时不能与肥皂、氢氧化钠等配合,如已用过肥皂、氢氧化钠,应先用清水充分洗净后再用新洁尔灭消毒。

(6)过氧乙酸　市售的为 20% 的溶液,有效期半年。它有强大的氧化性能,亦可分解出乙酸和过氧化氢等起协同杀菌作用,杀菌作用快而强,对细菌、病毒、霉菌和芽胞均有效。0.04%～0.2% 水溶液用于耐酸用具的浸泡消毒;0.05%～0.5% 的水溶液用于环境、禽舍的喷雾消毒;用于室内消毒可按每立方米用 20% 的过氧乙酸溶液 5～15 毫升,稀释成 3%～5% 的溶液,加热熏蒸,室内相对湿度宜在 60%～80%,密闭门窗 1～2 小时。

(7)高锰酸钾　暗紫色斜方形的结晶,易溶于水,是一种强氧化剂。用 0.1% 的溶液能杀死大多数繁殖型细菌,2%～5% 的溶液能在 24 小时内杀死芽胞。在酸性溶液中杀菌作用增强,如含有 1.1% 盐酸的 1% 高锰酸钾溶液能在 30 秒钟内杀死炭疽芽胞。高锰酸钾的水溶液,要现配现用。

## （二）外部的卫生管理

外部或对外的卫生管理，就是防止外部病原微生物侵入鸡场内的一项管理措施，主要是采取严格的隔离措施。

第一，引进的种鸡、种蛋或商品鸡应来自无疫病鸡场。引入的种鸡需隔离观察 1 个月，确认无病后再放入鸡群。雏鸡的发送不能在两个以上的鸡场巡回进行，只能由孵化场直接到养鸡场。场内职工家属不准饲养家禽及玩赏鸟。

第二，除养鸡人员外，其他人不得进入鸡场，要谢绝参观。养鸡人员出入鸡舍要更换衣、鞋，绝不允许将工作服、鞋穿出舍外。场内饲养人员严禁在不同鸡舍之间互串，做到场内外、各生产区间、各鸡舍间、饲养人员之间的严格隔离。喂鸡前要洗手。养鸡人员不要在市场上买鸡吃，更不能吃病死鸡，以避免鸡的疫病通过养鸡人员带进鸡场。

第三，搞好鸡舍环境卫生，清除鸡舍附近的垃圾和乱草堆。定期灭鼠，以减少鼠类、昆虫等的滋生繁殖。鸡舍要排水通畅，雨后运动场地不应积水。

第四，严格消毒，鸡场和鸡舍的进出门口都要设消毒池（槽），放置石灰、烧碱等消毒药物；装运鸡的车辆和笼子等，未经消毒严禁进入鸡场和鸡舍；鸡场内应设置各类专用车，避免发生交叉感染，用具严禁串用；鸡舍、场地、用具等都要定期消毒。

第五，设置焚化炉，对病、死鸡进行焚化。

# 二、卫生计划

为了做好肉鸡的保健和卫生管理，要了解鸡群主要疾病的发生年龄、季节和采取的预防措施,制定切实可行的卫生计划。

## (一)制订控制烈性传染病的免疫程序

鸡的烈性传染病主要是马立克病、鸡新城疫、鸡传染性法氏囊病等。

1. 免疫程序的制订　首先要根据该鸡种的免疫状况以及当地疾病流行的情况,结合本场的具体实际来制订,更可靠的办法是通过监测母源抗体等手段来确定各种疫苗使用的确切日期,编制成表,严格执行。

2. 疫苗使用的注意事项

第一,疫苗种类很多,但不可乱用、滥用。一般来说,当地有该病流行和威胁的,才进行该种疫苗的接种,而对当地没有威胁的疫病,可以不接种。

第二,疫苗在运输和保存期间要尽量维持在低温(0℃以下)条件下,避免高温和阳光照射。禽霍乱氢氧化铝菌苗保存的最适温度是 2～4℃,温度太高会缩短保存期,如果冻结的话,可破坏氢氧化铝的胶性以致失去免疫特性。此外,所有的疫苗和菌苗都应在干燥条件下保存。还须注意不使用过期的疫苗和菌苗。

第三,瓶子破裂、长霉、无标签或无检验号码的疫苗和菌苗均不能使用。

第四,使用液体菌苗时,要用力摇匀;使用冻干苗时,要按说明书规定使用的稀释液和稀释倍数,并充分摇匀。稀释时绝对不能用热水,或靠近热源和晒到太阳。稀释的疫苗应放置在阴凉处,当天用完,马立克病疫苗必须在 1 小时内用完,否则就可能导致免疫失败。

第五，接种弱毒活菌苗前后各 5 天，鸡群应停止使用对菌苗敏感的抗菌药物。接种病毒性疫苗时，在前 2 天和后 3 天的饲料中应添加抗菌药物，以防免疫接种应激引发其他细菌感染；各种疫（菌）苗接种后，还应加喂一倍量的多种维生素，以缓解应激反应。

第六，接种用具，包括疫苗稀释过程中使用的器具，在使用前必须清洗和消毒。当接种工作结束时，应把所用器具及用剩的疫苗经煮沸消毒，然后清洗，以防散毒。

## （二）预防肠道寄生虫

根据对粪便虫卵的检查情况，考虑肠道寄生虫的预防措施，特别是对温暖、多湿期间多发的球虫病的预防。了解球虫卵囊的排囊高峰期，如在 30 日龄前后及 40 日龄前后，则应在 26～29 日龄以及 40 日龄前后各 4 天进行预防性投药。针对目前出口肉鸡对药物残留的严格限制，可采用英国产的"球杀灵"等新药。

## （三）定期开展鸡白痢病的检疫工作

最好每隔 6 个月检疫 1 次，对呈阳性反应的鸡应淘汰更新，以减少鸡白痢病的感染率。

## （四）高度重视"药残"问题

由使用抗菌药物防治肉鸡疾病而带来的药物残留问题已为各国关注。有些抗生素在鸡体内被吸收，并不同程度地残留在肉、蛋产品中，对人类健康和疾病防治产生不利影响。为防止药物在产品中残留，不少国家均规定了停药期。日本对抗生素使用与停药期的规定见表 7-2。

表7-2　日本对肉鸡抗生素使用与停药期的规定

| 鸡类型 | 使用期规定 | 药物种类 | 停药期 |
|---|---|---|---|
| 育成期 | 从10周龄起不准添加抗菌药物 | 抗生素类 | 7天 |
| | | 合成抗菌剂类 | 28天 |
| 肉仔鸡 | 屠宰前7天,停止添加抗菌药物。土 | 抗球虫剂类 | 7天 |
| | 霉素、金霉素在4周龄后至屠宰前7 | 磺胺类 | 5～10天 |
| | 天不准添加入饲料中 | 抗氧化抗霉菌剂类 | 0天 |

注:①人畜共用的抗菌药,如注射用卡那霉素、泰乐菌素等在宰前14天禁用,
　　产蛋期也禁用(产蛋前10天停药)

　　②产蛋期间,除必要的治疗外,严禁在料中添加抗生素。治疗也要用专供畜
　　禽使用的抗菌药物

美国规定肉用仔鸡上市前各种抗球虫药的停药时间为:①克球粉,不需休药期,可一直使用到肉鸡上市。②尼卡巴嗪,须在上市前4天停药。③氯苯胍、呋喃唑酮须在上市前5天停药。④磺胺喹恶啉,须在上市前10天停药。

在我国,随着人民生活水平的不断提高,"药残"问题也应引起关注。从对人民的健康负责出发,也应正确、合理地按规定用药。

# 三、鸡的应激及其调整对策

随着肉鸡业集约化程度的提高,鸡的应激常常是肉鸡生产性能降低的重要因素,已成为生产中急需解决的难题。

## (一)鸡的应激

1.什么叫应激　应激是指机体对外界或内部的各种非常刺激所引起的非特异性应答反应的总和。应激分为三个阶段,如表7-3所示。处于警戒期(紧急反应阶段)的健康雏鸡,依靠

肾上腺皮质激素,能够很好地耐受,但已表现为食欲减退;在抵抗期(适应阶段),肾上腺皮质激素分泌持续亢进,此时已表现为增重停止;当进入疲劳期(衰竭阶段)已导致肾上腺功能障碍,肾上腺皮质激素分泌量极度减少。此时若有病原菌侵袭,则会由于抵抗力降低而发病,直至死亡。

表 7-3　肉用仔鸡在各应激期的生长性能变化

| 应　激　各　期 | 肉用仔鸡生长性能变化 |
|---|---|
| 警戒期(紧急反应阶段) | 食欲减退 |
| 抵抗期(适应阶段) | |
| 　肾上腺皮质激素分泌量增加 | 增重停止 |
| 　｜强应激 | |
| 　｜ | |
| 　↓持续应激 | |
| 疲劳期(衰竭阶段) | |
| 　肾上腺功能障碍 | |
| 　｜肾上腺皮质激 | |
| 　｜ | |
| 　↓素分泌量减少 | 生长性能降低 |
| 抗病力降低→发病 | 发病致死 |

**2. 应激的主要危害**　应激造成的危害既有单一的,也有综合的,各种不同的应激源引起鸡全身性反应的称为"全身性适应综合征",常见的主要危害有:

第一,鸡体发育不良,育成率、存活率低下,产蛋率下降,如高温可使产蛋率下降 35%。

第二,免疫力下降,发病率增高,密度应激可引起群体应激综合征,群体应激环境下鸡对病毒性传染病较敏感,而对细菌性传染病敏感性则较低。

第三,蛋重减轻,蛋内容物稀薄,蛋壳变薄,破蛋率上升,软蛋率增加。

第四,繁殖力下降。热应激影响精子的生成,精液品质变差,受精率降低。

第五,由于维生素需要量大幅度增加,容易导致维生素缺乏症。

## (二)应激因素

肉鸡在集约化饲养环境中和饲养管理紊乱的情况下,许多不可避免的应激因素必然导致应激的产生。各种应激因素大致可分为:

1. 生理应激 放养的鸡,由于自由采食,能平衡地摄食必要的营养成分,因此,肾上腺皮质激素能正常分泌而不引起应激。但是人工喂养的鸡,由于不注意而造成饲料的绝对量不足或养分不平衡,易使肾上腺皮质激素缺乏而引起应激。

在肾上腺中维生素 C 参与肾上腺皮质激素的生成,如果营养不足,肾上腺中的维生素 C 含量减少,会导致生理应激。

健康鸡的体内能合成维生素 C,但在应激期中,其合成维生素 C 的能力降低,致使肾上腺中的维生素 C 贮量减少,在应激期中,维生素的需要量剧增。在应激期推荐的维生素用量见表 7-4。即使处在非应激期中,为了便于肉用仔鸡的充分利用,在其饲料中也应提供丰富的维生素。

2. 环境应激

(1)高温、寒冷 是环境因素的一个应激因素,它的影响是明显的,连续高温或寒冷或反复急剧寒热袭击,可以使肉用仔鸡生长发育停滞。

表 7-4　肉用仔鸡处在正常和应激期中维生素推荐量的对比

| 维生素种类 | | 0～8周 | | 8周以上 | |
|---|---|---|---|---|---|
| | | 正常 | 应激期 | 正常 | 应激期 |
| 维生素 A | (IU/千克) | 10000.00 | 20000.00 | 5000.00 | 15000.00 |
| 维生素 $D_3$ | (鸡 IU/千克) | 550.00 | 1000.00 | 550.00 | 1000.00 |
| 维生素 E | (IU/千克) | 5.00 | 20.00 | 2.20 | 20.00 |
| 维生素 $K_4$ | (毫克/千克) | 2.00 | 8.00 | 2.00 | 8.00 |
| 硫胺素 | (毫克/千克) | 2.00 | 2.00 | 2.00 | 2.00 |
| 核黄素 | (毫克/千克) | 4.00 | 6.00 | 4.00 | 6.00 |
| 泛酸 | (毫克/千克) | 13.00 | 20.00 | 12.00 | 20.00 |
| 烟酸 | (毫克/千克) | 33.00 | 50.00 | 25.00 | 40.00 |
| 吡哆醇 | (毫克/千克) | 4.00 | 4.00 | 3.00 | 4.00 |
| 生物素 | (毫克/千克) | 0.12 | 0.12 | 0.12 | 0.12 |
| 胆碱 | (毫克/千克) | 1300.00 | 1300.00 | 1100.00 | 1100.00 |
| 叶酸 | (毫克/千克) | 1.20 | 1.50 | 0.35 | 1.00 |
| 维生素 $B_{12}$ | (毫克/千克) | 0.01 | 0.02 | 0.006 | 0.01 |

（2）鸡舍的贼风和鼠、猫、犬、野鸟的侵入骚扰　尤其在冬季,鸡舍的贼风对肉用仔鸡是一个严重的寒冷刺激,结果使采食量增加而体重增加停止。在平面饲养的情况下,雏鸡为取暖而拥挤堆叠,结果造成窒息死亡。

鼠、猫、犬、野鸟窜入鸡舍,除引起鸡群的神经质外,还有带入传染病和寄生虫的危险。

（3）通风不良　由于通风不良可以导致氧气不足,加之鸡舍内鸡粪干燥不好,鸡吸入氨气等有害气体而造成应激,不仅使肉用仔鸡生产性能下降,而且容易使鸡发生呼吸道病。

（4）反复的噪声、异常声和突然声响　噪声虽然对肉用仔鸡生长没有影响,但影响产蛋鸡群的产蛋率。而不定时的断续声响可以引起对突然声响敏感的肉用仔鸡发生群聚而导致压死,所以,要防止多余的突然声响。

此外,连续阴雨造成的湿度加大,饲料中黄曲霉毒素以及大气的污染等也都是环境的应激因素。

3. 管理应激 由于饲养者不注意或仅为了眼前的利益而造成管理上的失误,这些也都会对肉用仔鸡构成严重的应激。

(1)密度增加 凡超过标准饲养密度的都可看作是应激。在高密度饲养情况下,不仅鸡的生长性能显著降低,还可能招致疾病,加重胸囊肿及外伤等残疾。

(2)不同日龄鸡的混群饲养 在一栋鸡舍内饲养不同日龄的肉用仔鸡时,年幼鸡由于紧张而处于应激状态,同时来自年长鸡呼吸道病的病原体的传染和寄生虫等更易加重应激。

(3)水和饲料的突然变化或不足 限制供水 1～2 周后,增重立即停止,若长期饮水不足,可明显降低生长速度。因此,必须让鸡自由饮水,改变日粮时,要缓慢变换,逐步进行。

(4)断喙和捕捉 为防止鸡采食时散落饲料和同类残食的恶癖,需要进行断喙,这对肉鸡却是一个应激因素。此外,在育雏过程中的不少操作均要捉鸡、转群,这些都会引起应激,稍不注意还容易造成骨折、碰伤,以致屠体降级处理。所以,应慎重对待并尽量减少捕捉次数。

(5)入雏时由于运输、转移造成的应激 初生雏鸡在孵化时常常受到死胎蛋、出壳后即死亡的雏鸡的污染,加之运输时的污染和运输造成的体力消耗,均构成严重的应激,对肉用仔鸡的生长有明显的影响,而且稍有疏忽就会成为发病的诱因。

4. 卫生应激 肉用仔鸡受病原体或寄生虫感染而引起的应激,能造成生产上的严重损失。即使部分鸡发病,而大多数鸡处于感染阶段,但整个鸡群的生产性能也下降了。因此,必须采取防病的各种卫生措施,使应激减到最低限度。

(1)接种疫苗、驱虫投药引起的应激　接种疫苗造成的应激,均出现增重减退乃至停止的反应。

(2)病毒的潜伏感染引起的应激　可使肉用仔鸡的生长能力不能持续充分发挥。

(3)细菌的隐性感染引起的应激　这种隐性感染在机体外观上不出现症状,但却持续存在,它对鸡的影响是缓慢的。

(4)内外寄生虫的不显性感染所引起的应激　这与细菌的隐性感染相仿,在外观上不出现急剧变化,对鸡的影响是缓慢的。如慢性球虫病,原虫在肠粘膜上皮细胞内分裂增殖,致使细胞失去正常功能,结果导致营养吸收不良,缓慢地阻碍着肉用仔鸡的生长。

(5)过量使用磺胺类药物　过量或长期连续使用磺胺类药物,会阻碍肠内维生素的合成,特别是维生素 K 的合成。因此,为了预防疾病而需要长期使用磺胺类药物时,应同时使用维生素 K,它可对抗磺胺药造成的应激。

应激因素众多,其中有一些是人为的应激,如饲养密度增加,水和饲料的突然变化等等,这些可以通过加强管理来消除,但也有一些是避免不了的,如断喙、捕捉、疫苗接种等,应设法减少次数和强度,并在饲料中添加抗生素及维生素,以减弱应激因素的作用。

### (三)调整对策

1.对策　应激对雏鸡生长发育和免疫功能均有抑制作用,是疾病恶化和增加死亡率的主要因素。为了预防和减少应激的不良后果,可用药物进行调整。一般有以下三类药物:

（1）预防药　能减弱应激因素对机体的作用,如安定镇痛药、安定药、镇静药等。

（2）适应药　能提高机体的防御力,起缓和和调节刺激因素的作用,如地巴唑、延胡索酸、维生素 C、刺五加和人参等。

（3）对症药物　是指对抗应激症状的药物。这类药物主要有:

①氯丙嗪:是安定镇痛药,用药后能使鸡群安静并易于捕捉。对鸡明显的作用时间是用药后 5 小时,雏鸡在转群、接种前后 2 天内随饲料喂给,剂量为每千克体重 30 毫克。

②延胡索酸:可以降低机体紧张度,使神经系统的活动恢复正常。用作转群、运输和接种鸡新城疫疫苗时的预防药物。可在发生应激作用前后各 10 天内按每千克体重 100 毫克的剂量喂给。

③盐酸地巴唑:对平滑肌有解痉作用,可降低动脉压。在雏鸡转群时按每千克体重 5 毫克的剂量投喂,每天 1 次,连喂7～10 天。

④维生素制剂:能提高鸡对应激因素的抵抗力。用量为常用剂量的 2～2.5 倍。复合维生素的抗应激作用较明显。在日粮中添加维生素 C,有助于减轻如断喙、转群等应激因素的有害影响,维生素 C 能改善应激因素对鸡免疫的影响,还能增强鸡对细菌和病毒性疾病的抵抗能力。最好的办法是在应激因素发生之前,在鸡的饮水中添加 1 000 ppm 的维生素 C。

由于维生素既可用作适应药,又可用作应激预防药,因此,目前已广泛应用高剂量维生素以预防鸡的应激。

鸡常见的应激因素与应用药物见表 7-5。

表 7-5　鸡常见的应激因素与应用药物

| 应激因素 | 用 药 时 间 | 药 物 |
|---|---|---|
| 转群、运输、接种 | 应激前 1.5 小时和以后 2 天内 | 氯丙嗪 |
|  | 应激前后各 10 天内 | 延胡索酸 |
|  | 应激后 7～10 天内 | 盐酸地巴唑 |
|  | 应激前预防 | 维生素 C |
| 捕捉、采血 | 应激前 1.5 小时和以后 2 天内 | 氯丙嗪 |
|  | 应激前后 3～5 天 | 维生素制剂 |
| 热应激、密度应激 | 发生热应激反应时 | 杆菌肽锌盐 |
|  | 发生应激反应前后 | 维生素 C |
|  | 发生应激反应时 | 维生素 E |
| 环境应激 | 发生应激反应时 | 维生素 E |
|  | 发生应激反应前 | 维生素 C |
| 断喙、噪声、惊慌 | 应激后 1.5 小时 | 氯丙嗪、利血平 |
| 管理制度(笼养、平养、网上平养) |  | B 族维生素和维生素 K |

2. 热应激的缓解　1991 年俞浓芬等人在持续 30 天的高温期间对笼养肉鸡的热应激的缓解试验中,采用在饲料中添加 0.1％延胡索酸和饮水中添加 0.63％氯化铵后,取得了增进食欲和加快增重的效果。

有试验材料表明,在慢性热应激情况下,饲料中添加 0.5％碳酸氢钠及 1％氯化铵、1％氯化钙均具有增加采食量和增加体重的效果。在急性热应激情况下,饮水中添加 0.63％氯化铵或 0.63％碳酸氢钠均具有降低死亡率的作用。有人指出,在热应激时的日粮中添加碳酸氢钠有增加鸡碱中毒的趋势,添加氯化铵有增加鸡酸中毒的倾向,因此,建议在日粮中添加碳酸氢钠时应同时添加氯化铵。在饲料中添加 1 000 ppm 的维生素 C 可降低在急性热应激情况下的肉鸡死亡,并改善在长期高温环境下所饲养肉鸡的增重和提高饲料效率。

热应激给夏季的肉鸡生产造成的损失不容忽视,抗热应激药物对于调控鸡体的内部环境有一定的作用,但欲取得良好的抗热应激效果,应同时采取综合性措施,如加强通风、鸡舍洒水、搞好鸡舍外环境的绿化、合理配制日粮等。只有这样,才有可能取得预期的效果。

# 第八章　鸡舍与设备

## 一、鸡　舍

建造鸡舍的目的是为鸡群创造一个舒适的环境,同时也便于集中管理。肉用种鸡和肉用仔鸡的饲养,目前还以平面饲养为主,而且从建筑费用、通风换气、用电等方面考虑,大多采用开放式鸡舍。本章主要介绍的是开放式鸡舍及有关设备。

### (一)建造鸡舍应注意的问题

鸡舍的好坏直接影响养鸡生产的发展。为此,在建鸡舍前,应注意以下几个方面:

1. 要考虑场地的选择　不少鸡场和养鸡户遭到失败,其中一个原因就是场地选择不当。鸡舍应建在地下水位低、地面干燥、易于排水的地方。如果自然条件满足不了这个要求,就应当采取垫高地基和在鸡舍周围开挖排水沟的办法来解决。

2. 应选在环境比较安静的地方　避开交通要道,附近人员来往不能过分频繁,但又要交通方便。这样既有利于防疫,又便于解决运输等问题。

3.水电要有保障　用水要注意水量和水质,水源应是地下水,水质清洁。此外,用电要可靠。

4.注意通风　多数鸡舍采用自然通风,由于当地主导风的风向对鸡舍的通风效果有明显的影响,因此,通常鸡舍的建筑方向应是朝南或朝东南,而且应处于上风口位置。

5.考虑鸡舍构造的可变性　修建的规模应根据资金和劳力的多少来确定,同时还要考虑建筑设备的可变性。随着饲养管理技术的进步、劳动生产率的提高,鸡舍设备也会迅速发生变化,因此,在修建鸡舍时要考虑采用可变性大的构造,但也不能因此而大大增加造价,以致超出自己能力所及的范围。

### (二)鸡舍结构的若干要求

1.适当的宽度和高度　目前建造的专用肉鸡舍,多采用自然通风的开放式鸡舍,其宽度宜在 9.8～12.2 米之间,这样可以减少每只鸡占有的暴露总面积,从而减少在寒冷的冬季的散热面,超过这个宽度的鸡舍,在炎热的天气通风不够。鸡舍的长度往往受安装的设备所限制,如安装自动喂料机的,就受其长度的限制。鸡舍高度一般檐高为 2.4 米左右,采用坡值为 1/4～1/3 的三角屋顶,利于排水。同时,应有良好的屋檐,以防止鸡舍内部遭受雨淋,亦可提供鸡舍内部遮光阴凉的环境。如能在屋顶装天花板或隔热设施,既有利于冬季减少散热,亦可减少夏季吸收的太阳热。

2.合理确定鸡舍的建筑面积　建筑面积的大小,主要取决于饲养的数量,而饲养的数量除了资本的多少外,应考虑每个劳动力的生产效率,既要使鸡舍满员生产,又不至于造成劳动力的浪费。譬如说,1个劳动力的饲养量可以达到3 000只,而所建造的鸡舍饲养量是3 800只,那么花1个劳动力养不了,花2个劳动力又浪费。

3.必须满足便于通风换气和调节温度的要求 自然通风主要是利用自然风力和温差来进行。在鸡舍结构中常见的有窗户、气楼和通风筒(图8-1)。

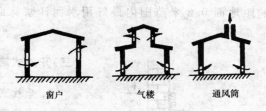

图 8-1 通风结构图

(1)窗户 窗户要有高差,应注意让主导风向对着位置较低的窗口,为了调节通风量还可把窗子做成上下两排,根据通风的要求开关部分窗户,这样既利用了自然风力,又利用了温差。窗口的总面积在华北地区为建筑面积的1/3左右,东北地区应少一些,南方地区应多些。为了使鸡舍内通风均匀,窗户应对称且均匀分布。冬季应特别注意不让冷风直接吹到鸡身上。可安装挡风板,使风速减低后均匀进入鸡舍。

比较理想的窗户结构应有3层装置。内层是铁丝网,可以防止鸟类进入鸡舍和避免兽害,减少传播疾病的机会;中层是玻璃;外层是塑料薄膜,主要用于冬季保温。

(2)气楼 比窗户能更好地利用温差,鸡舍内采光条件也较好,但结构复杂,而且造价高。

(3)通风筒 通风原理与气楼相似,结构比气楼简单,但由于通风筒数量不多,所以效果不如气楼。一般要求通风筒应高出屋顶 60 厘米以上。

4. 适宜的墙壁厚度与地面结构　北方地区冬季多刮西北风,北墙和西墙的砖结构厚度应为 0.38 米,东墙和南墙可为 0.24 米,如用坯墙,西墙和北墙的厚度应为 0.4 米。

为了鸡舍内冲洗时排水方便,地面应该有一定的坡度,一般掌握在 1:200~300,并有排水沟。为了方便清粪和防止鼠害,地面和距地面 0.2 米范围内最好用水泥沙浆抹面(图 8-2)。

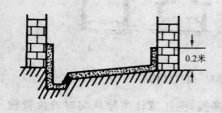

图 8-2　鸡舍地面结构图

## (三)开放式鸡舍举例

1. 开放式平养肉鸡舍　这类鸡舍是当前国内较为流行的一种形式。舍内地面铺垫料,亦可用 2/3 木条漏粪板面。按饲养需要安装供料、饮水设备,若为肉用仔鸡舍,安装移动式产蛋箱即可改成种鸡舍(图 8-3)。

2. 简易式鸡舍　简易式鸡舍,跨度小,可就地取材,投资少,而且可以利用坡地,将喂料、清粪、集蛋等操作处在同一工作走道上,利于操作(图 8-4)。

3. 开放式育种鸡舍　育种鸡舍具有小群隔离条件,生活、交配、产蛋场所齐全,而鸡舍结构简单。该式样鸡舍檐高提高到 2.4 米左右,跨度加宽到 8 米以上,中间隔间取消就是双列式网养种鸡舍的式样(图 8-5)。

4. 住屋加大棚　这是资金、设备不足的初养肉鸡户乐于采用的形式。一般先腾出住屋作育雏鸡舍用,保温好,光线比

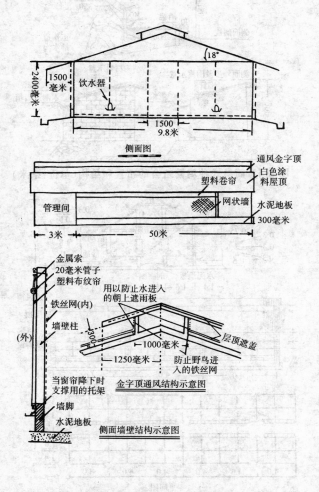

**图 8-3  开放式平养肉鸡舍**

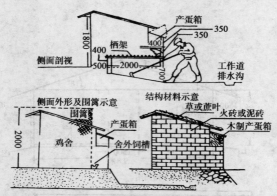

图 8-4　简易式种鸡繁殖舍的布置和结构（单位：毫米）

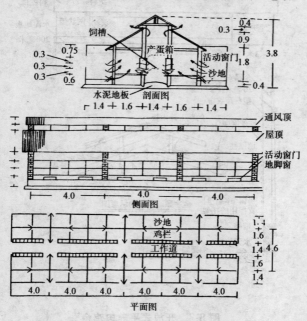

图 8-5　开放式育种鸡舍（单位：米）

较明亮。尤其在外界气候温暖的季节,在住屋育雏 3 周左右,待雏鸡脱温后,可放到室外大棚饲养。大棚可根据地方大小,用竹竿、木棍等做骨架,外面覆盖油毡纸或塑料薄膜,地面铺厚垫草。

# 二、养鸡设备

围绕着以高效率、高产量、高利润为中心而发展起来的一套科学的饲养工艺,是 50 年代发展起来的现代化养鸡的特点。它已把良种、饲料、防疫、环境、管理和机械等各种因素有机地统一起来。大量的实践证明,先进的机电设备能大幅度地提高生产效率,而且机电设备还可以为鸡群创造较为理想的生活环境,这就是养鸡机电设备具有的内在增产潜力。

## (一)增温设备

1. 地下烟道式育雏鸡舍　烟道加温的育雏方式对中小型鸡场和较大规模的养鸡户较为适用(图 8-6)。它用砖或土坯砌成,结构可多样,较大的育雏室烟道的条数可多些,采用长烟道;较小的育雏室可采用田字形环绕烟道。其原理都是通过烟道对地面和育雏室空间加温。在设计烟道时,烟道进口的口径应大些,往出烟口处,应逐渐变小;进口应稍低些,出烟口应随着烟道的延伸而逐渐提高,这有利于暖气的流通和排烟,否则将引起倒烟而不能使用。

2. 电热保姆伞　保姆伞可用铁皮、铝皮或木板、纤维板,也可用钢筋骨架和布料制成,热源可用电热丝或电热板,也可用液化石油气燃烧供热。目前电热保姆伞的典型产品有浙江省鄞县生产的 9YS 型折叠式电热育雏伞,伞顶装有 WK-1 型电子控温器,伞内用埋入式陶瓷远红外加热板加热,每个2米直径的伞面可育雏500只左右,在使用前应将其控温调节与标准温度计校对,以使控温准确。

其他增温设备见第五章《育雏的方式》。

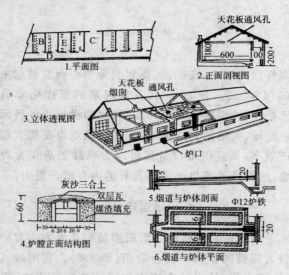

1.平面图
2.正面剖视图
3.立体透视图
天花板 通风孔 烟囱
炉口
灰沙三合土
双层瓦
煤渣填充
4.炉膛正面结构图
5.烟道与炉体剖面
6.烟道与炉体平面
Φ12炉铁

**图 8-6　地下烟道式育雏鸡舍**　（单位:厘米）

## （二）给料设备

1. 饲料浅盘　主要供开食及育雏早期使用。有竹、木制成的,也有用纸箱盖代替的。常见的饲料浅盘直径为70～100厘米,边缘为3～5厘米高,每个浅盘可供100～200只雏鸡使用。目前市场上已有高强度聚乙烯饲料浅盘(图8-7)。

2. 饲料槽　饲料槽应方便采食,不易被粪便、垫料污染,坚固耐用。为了防止采食时造成浪费,选用料槽的规格和结构时要依据鸡龄、饲养方式、饲料类型、给料方式等来决定,所有饲料槽都应有向内弯曲的小边,以防止鸡用喙将饲料勾出槽外。饲槽横截面的形状见图 8-8。

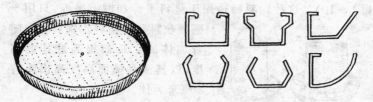

图 8-7　饲料浅盘　　　　　图 8-8　饲槽横截面形状

　　平养用的普通饲槽大多由 5 块板钉成,根据鸡体大小不同,宽和高有差别。雏鸡用的,平底,宽 5～7 厘米,两边稍斜,开口宽 10～20 厘米,槽高 5～6 厘米。大雏或成鸡用的,平底或尖底均可,槽深 10～15 厘米,长度 70～150 厘米不等(图 8-

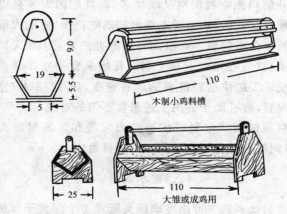

图 8-9　普通饲槽示意图　(单位:厘米)

9)。为了防止鸡蹲在槽上拉屎,可在槽上安可转动的横梁。为了防止槽踢饲料,在槽两边各加一牙条。

　　3. 饲料桶　饲料桶可由塑料或金属做成,圆筒内能盛较多的饲料,饲料可通过圆筒下缘与圆锥体之间的间隙自动流进浅盘内供鸡采食。目前,其容量有 7 千克及 10 千克的两种(图 8-10)。这种饲料桶适用于垫料平养和网上平养,只用于盛颗粒料和干粉料。饲料桶应随着鸡体的生长而提高悬挂的高度,以其浅盘槽面高度高出鸡背 2 厘米为佳。

**图 8-10 饲料桶**

4.自动食槽 自动喂料器包括 1 个供鸡吃食用的盘式食槽及中央加料斗自动向盘或食槽中加料的机械装置。目前以链板式喂料机最为普遍,其工作可靠,维修方便,最大长度可达 300 米。但若用以限制饲养,则靠近料斗处的鸡先吃到饲料又吃得多,而且吃的大多是以糖类为主的颗粒状饲料;而靠近末端处的鸡吃得少,吃的大部分是细粉状的蛋白质饲料。克服此弊病的办法是:①在天黑后将食槽加满,并且在第二天早上鸡一开始采食就立即开动自动送料系统。②加快送料链板的运转速度,以 12.2 米/分的速度输送饲料,将有助于解决上述采食不匀的难题。

为克服链板式喂料机的弊端而发展起来的螺旋式给料器,是将饲料通过导管输送落入饲喂器盘内。

### (三)给水设备

1.自制饮水器 可用玻璃罐头瓶和 1 个深盘子自制简易自动饮水器。

具体做法是:将玻璃罐头瓶口,用钳子夹掉约 1 厘米以形成缺口,再找一个深约 3 厘米的盘子,合在一起。使用时,将罐头瓶装满水,扣上盘子,一手托住瓶底,一手压住盘底,猛地一下翻转过来,水自动流出,直至没过缺口为止(图 8-11)。图中的水盆供大鸡用,在水盆外用竹篾编成一个罩子,以防鸡进入水盆把水弄脏或扒洒。

自动饮水罐

2.长流水水槽 为防止水和饲料的腐蚀,目前市场上已有一种塑料水槽供应(图 8-12)。这种水槽由槽体、封头、中间接头、

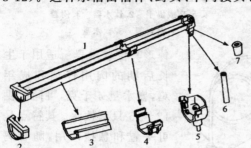

图 8-12 长流水水槽结构图

1.外形 2.封头 3.水槽断端 4.中间连接头
5.下水管接头 6.控水管 7.橡皮塞

水盆

图 8-11 自制的饮水器

下水管接头、控水管、橡皮塞等构成。水槽长度可根据鸡舍或笼架长度安装,安装时,只要将一根水槽插入中间接头,然后进行粘接即可。水位高低通过控水管任意调节。清洗水槽时,只要拔出橡皮塞,就可放尽污水。

3.钟形真空饮水器 是利用水压密封真空的原理,使饮水盘中保持一定水位,大部分水贮存在饮水器的空腔中。鸡饮水后水位降低,饮水器内的清水能自行流出补充。饮水器盘底下有注水孔,装水时拧下盖,装水后翻转过来,水就从盘上桶边的小孔流出直至淹没了小孔,桶里的水也就不再往外流了,鸡喝多少水,就流出多少水,保持水平面稳定,直至水饮用完为止。其式样见图 8-13,其型号有两种:

（1）9SZ-2.5型钟形真空饮水器适用于0～4周龄的雏鸡，盛水量2.5千克，可同时供15～20只鸡饮水。其特点是雏鸡不易进入饮水盘内。

（2）9SZ-4型

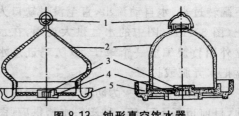

**图 8-13　钟形真空饮水器**

左 9SZ-2.5 型　右 9SZ-4 型

1.吊环或提手　2.饮水器　3.网盖

4.密封圈　5.饮水盘

钟形真空饮水器　适用于生长后期的肉用仔鸡和成年鸡，盛水量4千克，可同时供12～15只鸡饮水。其特点是可平置和悬挂两用，随着鸡体的生长，可随时调整高度。

4.自动饮水器　自动饮水器主要用于平养鸡舍。可自动保持饮水盘中有一定的水量。总体结构如图8-14左侧图，饮水器通过吊襻用绳索吊在天花板上，顶端的进水孔用软管与主水管相连接，进来的水通过控制阀门流入饮水盘供鸡饮用。为了防止鸡在活动中撞击饮水器

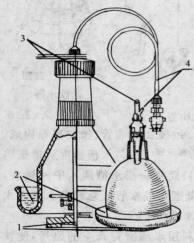

**图 8-14　自动饮水器**

左:结构图　右:实体

1.防晃装置　2.饮水盘　3.吊襻

4.进水管

而使水盘中的水外溢，给饮水器配备了防晃装置。在悬挂饮水器时，水盘环状槽的槽口平面应与鸡体的背部等高。

### （四）其他设备

1. **产蛋箱**　饲养肉用种鸡采用二层式的产蛋箱,按每 4 只母鸡提供 1 个箱位,上层的踏板距离地面高度以不超过 60 厘米为宜,过高鸡不易跳上,容易造成排卵落入腹腔。每只产蛋箱大约 30 厘米宽,30 厘米高,32～38 厘米深。在产蛋箱前面的下部有一高 6～8 厘米的边沿,用以防止产蛋箱内的垫料散落,产蛋箱的两侧及背面可采用栅条形式,以保持产蛋箱内空气流通,利于散热。也有的产蛋箱为集蛋方便,采用倾斜底面,其滚蛋角度为 9°～10°,在底面的前端外沿应有约 8 厘米高的缓冲挡板,防止鸡蛋滚落地面。普通产蛋箱见图 8-15。

2. **断喙器**　已定型的断喙器有 9QZ-800 型,9QZ-820 型等产品。操作时,机身的高低可因人进行调节。当电流通过断喙器的刀片时将其加热,刀片的最高温度可达 1 020℃。切喙时,将待切部分伸入切喙孔内,用脚踏板拉动刀片从上向下切,切后将喙轻轻在灼热的刀片上按一下,起消毒与止血的作用。断喙器外形构造见图 8-16。一把刀片一般可切青年鸡 20 000 只以上,不快时可修磨后继续使用。断喙器的具体操作见第四章《肉用种鸡的日常管理》。

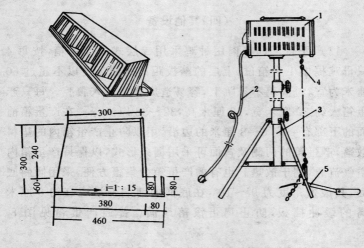

图 8-15　普通产蛋箱
（单位：毫米）

图 8-16　9QZ-820 断喙器

1.断喙机头　2.电源线　3.撑架部件
4.链条　5.踏脚板部件

# 第九章　肉鸡的生产经营

　　肉鸡产品投放市场后,在市场竞争中,其品质的优劣、价格的高低,决定了产品的销售状况。销售所取得利润的多寡与鸡场的生存、发展息息相关。在市场经济条件下的商品生产必须以获取较高经济效益为基本目标,如果效益差,甚至亏本,鸡场就难以存在下去,那还谈何商品生产?当前有的企业管理者观念陈旧,单纯追求产品的数量,忽视产品的质量和成本,短期行为十分严重,造成企业经济效益不高,而即将来临的21世纪的肉鸡产业的发展趋势,将是走"高产、优质、高效、低耗"的路子,这对只有微利的肉鸡企业来说必须转变企业管理的观念,"练好内功",构筑新时期的企业管理模式,促进肉鸡业向更高水平发展。

# 一、经营管理决策

经营管理的决策涉及到投资的方向,资本的投入量与回报率。应以最小的资本投入,获取最大的资本增值,任何缓慢的资本运营(资金的运转速度)都可能使优质的产品难以发挥优势,致使产品积压、债务拖欠,可用资金枯竭。资金分布的不合理,盲目地进行技术改造或延伸新的项目,造成一批周转资金的搁置,将给生产经营造成严重损害。所以企业的投入应该进行周密的调查和论证,使投产后的项目,其正增量的快速资金循环足以解脱因投入而积累的债务。只有这样,企业的资金结构才能合理,才有利于企业的发展。一旦企业发生亏损,应首先从企业内部挖潜,抑制那些不合理资金的再投入,减少外延扩大再生产,将闲置的资产变现来解决启动资金、周转资金的不足。因此,从资本运营的角度来讲,必须十分注意企业资金结构的合理分布,投入产出的回报率,慎重而合理地进行企业的技术改造,使得企业增加后劲的措施不至于成为沉重的债务负担。对养鸡场经营的方向和方式,饲养的规模和方式等重大举措做出选择和决定是资本投入的具体运作,它对养鸡场的经济效益有着决定性的意义。

## (一)经营方向

1.专业化养鸡场

(1)肉用种鸡场　它主要是培育优良种鸡,提供种蛋,孵化出售良种雏鸡。国内此类种鸡场已有不少,有的是父母代种鸡场,亦有的是祖代鸡兼父母代种鸡场,除此以外,还有一些拥有优良地方鸡种的种鸡场。此类鸡场大多因投资多,各种育种、选种管理的技术要求相对比较高,目前还以国有企业为主。有些单位不顾及自己的技术力量、资金等条件的限制搞小而全,反而造成种鸡生产水平提不高,管理跟不上,结果导致亏本。

(2)肉用仔鸡场　是专门生产肉用仔鸡的鸡场。此类鸡场除了大中型的机械化、半机械化鸡场外,还有众多的集体鸡场及专业户养鸡场。从目前我国实际情况出发,应大力发展农村专业户的规模生产,既可节省国家大笔投资,又可有效地开发利用农村丰富的劳动力资源和饲料资源,并可充分利用农村闲散房舍。因此,它是促进农村致富的有效途径。

(3)孵化场　收购外来种蛋后,孵化出苗雏卖给肉用仔鸡的饲养单位。这些场主要以各地食品公司兴办的为多。孵化场一定要有稳定和可靠的种蛋来源,如果以"百家"蛋为来源,总有一天会因"种"的质量不良而最终影响到苗雏的销路。

2.综合性养鸡场

(1)种鸡场兼营孵化场　一般种鸡场从经济效益考虑,在人力、财力可能的条件下都附设孵化场。因为,将种蛋出售与将种蛋孵化成雏鸡后出售的收益相比,后者更佳。

(2)种鸡场兼营孵化场和肉用仔鸡场　在前者的基础上,加上生产肉用仔鸡。肉用仔鸡生产周期短,经济效益较好,不少种鸡饲养单位在条件许可的范围内,进行肉用仔鸡生产,同时对外供应部分苗雏。

(3)肉用仔鸡场兼营其他副业　肉用仔鸡的消化道短,在采食饲料后,其中的一些营养物质未被充分吸收而排出体外,鸡粪中蛋白质含量较高,其中的非蛋白氮又可为牛、羊等反刍动物加以吸收利用,所以,不少肉用仔鸡的生产单位在搞好主业生产的同时,又用发酵的鸡粪添加部分饲料饲喂牛、猪、鱼,既可节省饲料,又可以取得较好的经济收益。

有一些鸡场不顾防疫条件,只考虑创收,在鸡场附近开办屠宰加工厂或扒鸡厂,收购"百家"鸡,最终因疾病流行而导致鸡场倒闭的教训,应在确定养鸡场的经营方向时加以慎重考虑。

## (二)经营方式

1. **专营**　大部分国有资产投资的肉鸡祖代鸡场、父母代种鸡场及地方优良鸡种资源场都负有培育繁殖任务,并向社会提供优良种蛋和苗雏。它们都具有较强的技术力量,专业化分工也比较细,多为专业化鸡场。除此以外,也有部分单位从事种鸡→孵化→肉用仔鸡生产,形成小而全的一条龙生产线。还有比较专一化的从事肉用仔鸡生产的肉用仔鸡生产场以及生产规模不等的农村专业养鸡户。

2. **兼营**　比较多的形式是以肉用仔鸡生产场为基础,发展附属猪场或牛场、鱼场。它的优势在于充分利用肉用仔鸡的鸡粪作为猪、牛、鱼的部分饲料,全场的经济效益有比较明显的提高。

3. **联营**　随着市场经济的发展,作为商品的肉用仔鸡生产亦处在激烈的市场竞争之中。种鸡场、孵化场、肉用仔鸡场、专业养鸡户在产、供、销等各个环节上都要求能有一种保障。另外,从肉用仔鸡生产的经营方式调查来看,无论是国内还是国外,由于饲养肉鸡是一种随意的自由劳动,饲养人员的责任心是第一位的,一天 24 小时都需管理,它是属于劳动强度不大,但要精细地观察和管理,花费的时间较多的一种劳动形式。因此,仅用8小时的雇佣劳动力饲养的结果比不上以家庭劳动力为中心的个体经营得好。所以,肉用仔鸡的生产在广阔的农村是一个巨大的场所,近年来,由此而发展起来不少"公司加农户"的联营式企业,其发展后劲很足。正如1992年4月召开的中国家禽业协会肉鸡部会议指出的:要加强地区或企业间的协作和联合,要积极创造条件,加强"肉鸡生产→屠宰加工→内外销售"一条龙的建设,加快发展鸡肉产品的深加工,增加附加值,以适应不同消费层次的需要,千方百计地打开销路,提高企业的经济效益。如广东省高要县永安区以兽医站为核心,一方面用适销对路、抗病力强的品种和技术知识扶助专业户发展小型种鸡场,收购其种蛋在站办的孵化场孵出苗雏,另一方面与外贸部门签订合同向生产单位提供鸡苗。这种"联营合同制式"的养鸡联合体使种鸡、肉用仔鸡的饲养单位及专业户都有稳定的利润收入,而作为牵头的联营中心单位——兽医站,从种苗销售、肉鸡收购、饲料和药品供应、上门技术服务等环节上的收入也是可观的,外贸部门也有了稳定可靠的出口货源。山东省德州地区以德州扒鸡厂为核心,组织肉鸡生产,既保证了扒鸡厂加工原料的来源,又为饲养肉鸡的专业户提供了稳定的销售市场。这种以销定产,以销促产的方式,围绕着肉用仔鸡饲养业的发展而带动了诸如饲料工业等等一系列产业的发展。

### (三)饲养的规模与方式

肉用仔鸡业又称为"速效畜牧业"。在国外,鸡肉的价格是肉食品中最便宜的,每只鸡的赢利是很少的,它靠的是规模效益,可是这种规模效益是建立在充分发挥每只鸡的生产潜力的基础之上取得的。如果肉鸡本身的生产性能没有发挥，生长速度慢、饲料消耗多，其规模愈大，效益就愈差。近年来，我国的肉鸡繁育体系已形成一定的生产规模，基本可满足肉用仔鸡生产稳定发展的要求和市场的需要。所以，目前应该更多地发展各种"联营"形式，以"联营"为中心，推广新的饲养管理技术，研制质优价廉的科学饲料配方，把我国农村的肉用仔鸡专业户组织好、发展好。其规模也应实事求是，以质量为前提，效益为根本，采取大、中、小并举，由小到大逐步发展的方针。其饲养方式也应从我国国情出发，根据基建投资规模以及对电的依赖程度来衡量。就鸡舍内部的设施而言，在当前劳动力比较富裕的情况下，还是以半机械化为宜，即采用机器设备与人工操作相结合，在选择大型机具时更应持慎重态度。

## 二、生产的组织与管理

　　各类鸡场要正常地生产以创造更大的效益，必须要有科学的生产流程，配套的人、财、物管理制度以及严格的质量和成本管理，目的是保质、保量地完成生产任务。生产管理的目的是加强企业内部的建设，在一切生产活动中始终强调成本和质量。要对市场进行调查，研究品种、销售、价格等一系列外部环境和内部因素与成本的关系，搞好成本的预测，在以提高企业经济效益为中心的基础上考虑企业内部条件与外部经营环境的协调发展，实事求是地制定降低成本的具体措施，通过有效的成本控制及时发现和改进生产过程中低效率、高消耗的不合理现象，使之增加产出，降低投入，以提高成本管理水平。

　　质量是企业的生命线，市场的竞争首先是产品质量的竞争。企业要在瞬息万变的市场竞争中生存，必须抓住质量这个关键，而质量管理的关键，归根结蒂是要提高管理者和劳动者的科技素质，制定各类技术管理措施，并在各道工序、岗位及技术控制点上实施，使鸡场的管理人员充分认识抓好质量的重要性，自觉地把好质量管理这个关，而鸡场的生产者也要提高对产品的质量意识。要把产品的质量与经济效益挂钩，通过利益来密切员工与产品的成本和质量的关系，确保质量管理落到实处。

### （一）技术保障

要保证整个鸡场生产计划的实现，增加产出，降低投入，要靠技术来保障。要采取一系列的技术措施，如选养优良种雏，采用全价配合饲料和科学的饲养技术，切实执行有效的免疫程序和防疫措施等，从而保证种蛋的受精率、孵化率，种鸡的产蛋率，种鸡、肉鸡、雏鸡的成活率，饲料的利用率都达到比较高的水平。这是实现生产计划，取得经济效益的根本所在。

### （二）组织管理

在各类型商品肉鸡场中，生产中的管理作用十分突出，它直接影响到经济效益的好坏。它是对物化劳动、活劳动的运用和消耗过程的管理。应该说，管理可以使生产上水平，管理可以出效益。

1. 合理配置设备和劳动力  如某场有 600 平方米的房舍饲养肉用仔鸡，如采用二段法分养，即前期 4 周为育雏，后期 4 周为育肥，则此 600 平方米分割为两个部分——200 平方米育雏鸡舍，400 平方米为育肥鸡舍，按后期饲养密度 10 只/平方米计算，400 平方米育肥鸡舍的饲养量为 4 000 只，而前期育雏鸡舍的 200 平方米也正好可以饲养 4 000 只小苗雏,两批间空舍 1 周清洗消毒,其周转期为 5 周,即全年可饲养 52÷5＝10.4 批,其全年饲养量为 10.4×4 000＝41 600只。而如果采用全程固定鸡舍一贯制的饲养法,虽然饲养时间也同样是 8 周,再加两批间空舍 1 周清洗消毒,其周转期为 9周,全年只能饲养 52÷9＝5.7 批,全年饲养量为5.7×6 000只(600 平方米的饲养量)＝34 200 只。从中可以看到,虽然房舍同样大小,但由于采用不同的饲养方案,前者(二段法)比后者全年饲养量增加了 21%。这是房舍周转期缩短的结果,也就是提高了房舍和设备利用效率所产生的效益。

诸如此类的情况很多。如孵化场的设备,孵化机与出雏机的配比,由于每批种蛋使用孵化机的时间为 18 天,而使用出雏机的时间只有 4 天,如果它们之间按 1∶1 配置的话,必然造成出雏机利用效率不高。又如种鸡场兼办孵化场和肉用仔鸡场的,从全年均衡生产出发,要使设备、房舍充分利用,就必然要考虑三者之间的配合。在考虑以上生产计划周转安排的同时,也要将劳动力作适当合理的安排,作为一个饲养单元的饲养量应尽量按一个劳动力的饲养量来安排,若稍有超过,可通过增加机械设备以减轻劳动强度或通过联产承包的基数超额奖励的办法来解决,总之,要充分发挥设备和劳动力的潜在能量。

2.加强计划管理 在对生产的各个环节的技术保障和对设备、劳动力进行合理配置的前提下,制定各项计划。

(1)单产计划 每批肉用仔鸡的饲养量、饲养周期、出栏体重及饲料量;每批种鸡的饲养量、饲养周期、平均产蛋率及饲料量等,都应周密安排。单产指标的确定可参考鸡种本身的生产成绩,结合本场的实际情况,依据上一年的生产实绩以及本年度的有效措施,提出既有先进性又是经过努力可以实现的指标。

(2)鸡群周转计划　在明确单产计划的前提下,按照鸡场的实际鸡舍情况安排鸡群周转计划。如种鸡场附设孵化及肉用仔鸡生产的,就要安排好种蛋孵化、育雏鸡、育肥鸡的生产周期的衔接,一环紧扣一环。专一的肉用仔鸡场也必须安排好本场的生产周期以及本场与孵化场苗鸡生产周期的衔接,一旦周转失灵,就会造成生产上的混乱和经济上的损失。

例如,某场年产 15 万只肉用仔鸡的鸡舍周转安排如下。

第一,基本条件:

①育雏鸡舍:4 个单元,每 1 单元 90 平方米。

②育肥鸡舍:10 幢,每幢 180 平方米。

第二,要求:年饲养肉用仔鸡 15 万只。

第三,计算:

①按育肥鸡舍面积计算饲养量,后期饲养密度为 12 只/米$^2$。

一幢育肥鸡舍饲养量为 $180 \times 12 = 2160$ 只。

一批饲养两幢的饲养量为 $2160 \times 2 = 4320$ 只。

②计算全年的饲养批数:15 万只/4320 只$= 34.8$ 批$\approx 36$ 批。

③每批间隔时间:12 月/36 批$=$月/3 批$\approx 10$ 天/批。也就是说每月进雏 3 批,可以安排为每月逢 4 或逢 5 进雏,即每月 4 日、14 日、24 日或 5 日、15 日、25 日进雏。

④饲养周转规划:考虑到饲料条件较差等情况,拟按 70 天(10 周)为肉用仔鸡的一个饲养周期,现规划如下:

其一,育雏鸡舍共 4 个单元,即经过轮转 1 次,育雏鸡舍第二次再使用时要间隔的时间为 $4 \times 10$ 天/批$= 40$ 天,当它减去 1 周的空舍、消毒、清洗时间还剩 40－7＝33 天,大大超过育雏的 1 个周期(28 天)。

其二,育肥鸡舍共 5 个单元(10 幢鸡舍),经过 1 次轮转,当第二次再使用时要间隔的时间为(5×10 天/批)＋28 天(育雏 1 个周期)＝78 天,当它减去 1 周空舍、清洗、消毒的时间还剩 78－7＝71 天,也超过了肉用仔鸡的 1 个饲养周期。

第四,鸡舍周转规划(图 9-1)。

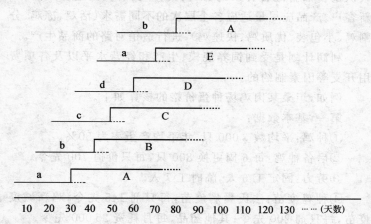

**图 9-1  鸡舍周转规划**

a,b,c,d 为育雏鸡舍的 4 个单元代号

A,B,C,D,E 为育肥鸡舍的 5 个单元代号

细直线为育雏的时间;粗直线为育肥的时间;虚线为空舍、清洗消毒的时间;折线为转群

最后将鸡舍周转规划图中的横坐标所表示的天数变换为该生产年度的日期,就成为一张全年肉用仔鸡生产鸡舍周转的流程图。

(3)饲料计划  饲料是肉鸡生产的基础,必须按照各项单产计划以及经营的规模计算各种类型饲料的耗用总量。而且应按照不同时期(育雏鸡、育肥鸡、后备鸡、种鸡)计算各个月份各种类型饲料的用量。如自配饲料，则需按饲料配方计算各种饲料原料的总量，并尽早联系购置。

(4)销售和利润计划　销售是竞争，它是质量的竞争、价格的竞争，所以，首先努力使鸡场的肉鸡产品达到质优价廉。其次要设法打通各种渠道(如内销、外贸)，巩固老客户，发展新客户。产品应尽量适应各个层次的不同需求(活鸡、冻鸡、分割鸡、小包装、优质鸡、快速鸡)，进行适销对路的商品生产。

利润计划是受到饲养规模、生产和经营水平以及各项费用开支等因素制约的。

例如，坦桑某肉鸡场种蛋价格的核算如下。

第一，基本数据：

①种鸡：平均数 3 000 只，年平均产蛋率为 50%。

②后备种鸡：每 6 周更换 800 只，每只价值 700 先令。

③劳力：固定工 6 人，临时工 7 人。

④种鸡疫苗：法氏囊病疫苗，每只剂 145 先令；鸡新城疫疫苗，每只剂 200 先令；其他药品，每月耗资 25 000 先令。

⑤饲料：种鸡每天每只 150 克；后备鸡每天每只 80 克；雏鸡每天每只 20 克。

⑥折旧：房屋 20 年更新费每幢 3 000 000 先令。

第二，计算：

①现金成本：

饲料成本(每月)：

$$30 \text{ 天} \times 0.15 \text{ 千克} \times 3 000 \text{ 只} \times 60 \text{ 先令/千克} = 810 000 \text{ 先令}$$

$$30 \text{ 天} \times 0.08 \text{ 千克} \times 800 \text{ 只} \times 45 \text{ 先令/千克} =$$

86 400 先令

    30 天×0.02 千克×800 只×75 先令/千克＝
36 000先令

劳力开支：

    6×10 000 先令/人＝60 000先令

    7×5 250 先令/人＝36 750先令

医药开支：

    疫苗(145＋200)×800 只×8.6 批/年×1/12＝
197 800 先令

    其他药费 25 000 先令

种鸡成本：

    8.6 批/年×800 只/批×700 先令/只×1/12(每
月)＝401 333 先令

②生产要素成本(非现金成本)：

房屋折旧：$\dfrac{5\ 幢种鸡舍×3\ 000\ 000\ 先令/幢}{20\ 年×12\ 月/年}$＝62 500先令

水槽、料桶折旧：

    水槽 $\dfrac{80\ 只×3\ 000\ 先令/只}{3\ 年×12\ 月/年}$＝6 666 先令

    料桶 $\dfrac{40\ 只×2\ 000\ 先令/只}{3\ 年×12\ 月/年}$＝2 222 先令

房屋维修(5%的折旧费)：5%×62 500 先令＝
3 125 先令

③总成本：现金成本＋非现金成本＝1 653 283＋74 513＝
1 727 796 先令

产出：每月产蛋 3 000 只×50%×30 天/月＝
45 000 只/月

    种蛋(按 85%计)45 000 只/月×85%＝

38 250 只/月

　　种蛋成本 1 727 796 先令/38 250 只＝
45.2 先令/只

　　销售价按 30％利润计：45.2 先令＋(45.2×30％)＝58.7
先令/只

　　从计算的分析中,可以看到饲料占总成本的 57.9％,而
饲料加种鸡的成本约占总成本的 77％。因此,设法降低此两
项的开支,同时,提高种鸡的生产水平,就有可能降低每一个
种蛋的成本,在确定本场的成本价基础上,参照当时同类型产
品的市场价格,就可以确定销售价格。市场价格愈高,本场成
本价愈低,其中可盈取利润的范围愈大,在市场上也愈有竞争
能力。

　　利润计划的确定,必须建立在上述的分析和计算的基础
之上。

　　从这份分析材料中可以看到,坦桑某鸡场的饲料及劳力
的价格比较低廉,这是该场生产肉用仔鸡的优势所在,但也可
以看到生产水平不高,因为年平均产蛋率只有 50％。而且其
劳动力配置也不合理,按计算全年种鸡数为 3 000 只,加上
8.6 批的后备种鸡是 8.6×800 只/批＝6 880 只,总计为 9 880
只,即每个劳动力承担的饲养量平均为 760 只,此数量是太低
了。因此,从利润分析中可以发现不少问题,该场如能扬长避
短,所取得的效益将更可观。

　　(5)垫料及其他各种开支计划　采用地面平养的鸡场,其
垫料用量较大,必须早作打算,并切实落实货源。其他如疫苗、
药品、燃料、设备更新、水电费开支等都要列入计划。

　　(6)全场总产计划　在上述各分项计划制定的基础上,明
确全场的年度总产计划及有关生产措施和指标,并将总产指

标分解下达到各个生产单元,使各个部门、班组、个人都能与他们的经济利益挂起钩来,以确保总产计划的实现。

3.建立、健全生产活动中的服务机制与体系　在包括了产品的质量检查、疫病防治、生产计划安排、种苗、饲料等物资供应、技术规范的实施、产品的收购与销售、生产部门之间的协调、各个环节之间的衔接等的商品生产的整个活动中,为了使人、财、物等各类资源得以合理配置,组织有序地开展生产活动,不少企业建立了"服务中心"之类的组织管理网络。这类服务机构的系统化运作构成了一体化的生产服务体系,由它来协调各环节之间的物资流转,保质、保量地供给,并进行科学地指导和监督。一般对生产计划、种苗、饲料、卫生防疫、技术规范、产品购销等都由中心统管,做到种苗、饲料送上门,技术指导送上门,防疫灭病送上门,活鸡收购等上门服务。而饲养、核算与考核都落实到户、到人,这样责任到人的做法可以最大限度地调动各类人员的积极性。这样不但符合效率优先的原则,而且使企业内的职工之间既协作又竞争,推行竞争上岗制,工资与劳动效益挂钩等,这些组织管理措施必将使肉鸡规模化生产与产业化经营产生强大的生命力和市场竞争力。

### (三)经济管理

主要是按照经济规律办事,采取经济措施来管好鸡场的生产与经营。以下几点是需要注意的:

1.搞好生产统计　搞好各个生产单元的生产情况统计,是了解生产、指导生产的重要依据,并可以从中及时发现问题,迅速解决;这也是进行经济核算和评价劳动效率,实行奖罚的依据。

2.加强成本核算　在完成总产计划和各项指标的前提

下,加强成本核算,努力降低成本,是经济管理的一个重要方面。通过成本核算可以及时发现一些问题,如饲料费用的上升和种蛋产量的下降都导致种蛋成本的上升,而饲料费用的上升,一种可能是饲料价格上涨,另一种可能是浪费饲料引起的;种蛋产量的下降是产蛋率下降还是破蛋率增加等。这样可以寻根究底,并及时分别情况采取措施予以解决。

3. 对外签订各种经济合同、合约　如与客户签订苗鸡购销合约;与饲料公司签订供货合同;与消费单位、屠宰厂签订肉鸡销售合同等,这些合约、合同的签订都将保证鸡场生产和经济活动有计划地正常地进行。

4. 实行"联产承包"的生产责任制　这是对肉鸡生产的各个环节实行经济监督的一种有效办法。由于贯彻了"按劳分配"和"多劳多得"的原则,可以大大地调动职工的劳动生产积极性,有利于促进生产的发展和保证各项生产计划和总产计划的顺利完成。

# 三、企业的经营管理

企业进行生产的目的是将产品进入市场变成商品,因此,经营管理的目的是解决企业与市场的关系,从而在适应市场的需求中获取最大的利润。

市场需求瞬息万变,几年来曾几度发生肉鸡销售市场的波动,所以首要的是及时捕捉和分析市场的各种信息并进行科学的分析,以形成企业的营销策略。1998 年 4 月受中国家禽业协会委托,由江苏省家禽科学研究所承建的中国家禽业信息中心将通过"中国家禽业信息网",向全国养禽企业和生产者及时、准确地传递国内、外家禽行业生产和市场情况,这将有助于肉鸡产业营销方针的确立。

密切注视经营环境的变化,根据市场上饲料原料价格的波动情况调整饲料结构,根据市场上肉鸡价格和销售趋势调整饲养周期等。总之,要通过市场这个调控系统使生产结构优化,产品适销对路,价格低廉,以取得较高的利润。

企业要想在竞争中取胜,除了产品的质量外,还必须加强促销工作,千方百计地稳固老客户、发展新用户,树立企业的商业形象,使新、老客户对企业产品发生兴趣,以扩大销售。1997年我国进口祖代鸡资料,正是"艾维茵"和"A·A"等品牌鸡种公司的营销策略的结果。要建立一支富有开拓和奉献精神的销售队伍,并制定科学的促销策略,开展强有力的市场营销活动,提高产品在市场上的占有份额。除此以外,还必须强化售后服务,有些企业甚至已变"售后服务"为"全程服务",变被动式服务为主动式服务,变跟着用户走为引导用户走,以优质服务来赢得市场,不断地巩固市场与培育市场。

**本书部分彩照引自《中国家禽品种杂志》**

## 金盾版图书,科学实用,
## 通俗易懂,物美价廉,欢迎选购

| | | | |
|---|---|---|---|
| 家畜梨形虫病及其防治 | 4.00元 | 鹿病防治手册 | 18.00元 |
| 家畜口蹄疫防制 | 8.00元 | 马驴骡的饲养管理 | |
| 家畜布氏杆菌病及其防 | | （修订版） | 8.00元 |
| 制 | 7.50元 | 驴的养殖与肉用 | 7.00元 |
| 家畜常见皮肤病诊断与 | | 骆驼养殖与利用 | 7.00元 |
| 防治 | 9.00元 | 畜病中草药简便疗法 | 8.00元 |
| 家禽防疫员培训教材 | 7.00元 | 畜禽球虫病及其防治 | 5.00元 |
| 家禽常用药物手册（第 | | 家畜弓形虫病及其防治 | 4.50元 |
| 二版） | 7.20元 | 科学养牛指南 | 29.00元 |
| 禽病中草药防治技术 | 8.00元 | 养牛与牛病防治（修订 | |
| 特禽疾病防治技术 | 9.50元 | 版） | 8.00元 |
| 禽病鉴别诊断与防治 | 6.50元 | 奶牛场兽医师手册 | 49.00元 |
| 常用畜禽疫苗使用指南 | 15.50元 | 奶牛良种引种指导 | 8.50元 |
| 无公害养殖药物使用指 | | 肉牛良种引种指导 | 8.00元 |
| 南 | 5.50元 | 奶牛肉牛高产技术（修 | |
| 畜禽抗微生物药物使用 | | 订版） | 7.50元 |
| 指南 | 10.00元 | 奶牛高效益饲养技术 | |
| 常用兽药临床新用 | 12.00元 | （修订版） | 16.00元 |
| 肉品卫生监督与检验手 | | 怎样提高养奶牛效益 | 11.00元 |
| 册 | 36.00元 | 奶牛规模养殖新技术 | 17.00元 |
| 动物产地检疫 | 7.50元 | 奶牛高效养殖教材 | 4.00元 |
| 动物检疫应用技术 | 9.00元 | 奶牛养殖关键技术200 | |
| 畜禽屠宰检疫 | 10.00元 | 题 | 13.00元 |
| 动物疫病流行病学 | 15.00元 | 奶牛标准化生产技术 | 7.50元 |
| 马病防治手册 | 13.00元 | 奶牛疾病防治 | 10.00元 |

　　以上图书由全国各地新华书店经销。凡向本社邮购图书或音像制品，可通过邮局汇款，在汇单"附言"栏填写所购书目，邮购图书均可享受9折优惠。购书30元（按打折后实款计算）以上的免收邮挂费，购书不足30元的按邮局资费标准收取3元挂号费，邮寄费由我社承担。邮购地址：北京市丰台区晓月中路29号，邮政编码：100072，联系人：金友，电话：(010)83210681、83210682、83219215、83219217(传真)。